智能制造系列丛书

智能制造概论

主　编　易祖全　寇　锦
副主编　刘　钟　毛臣健　程　静
　　　　余金洋

北京理工大学出版社
BEIJING INSTITUTE OF TECHNOLOGY PRESS

内 容 简 介

本教材采用模块化设计，从智能制造总论、智能制造系统、智能制造技术、智能制造应用四个方面，对智能制造进行系统介绍。其中，智能制造总论主要介绍国内外智能制造的发展背景和现状，让初学者对智能制造有一个初步的认识；智能制造系统主要介绍当前智能化企业所采用的一些工业管理软件，让企业管理更加科学；智能制造技术是本书的重点，分别从电子技术、装备制造技术、信息技术三个方面进行讲解；智能制造应用主要通过案例介绍了智能制造在智能园区、智能工厂、汽车制造、3C 制造等方面的应用。

本教材兼顾学科的广度，旨在为中职学校各工程专业学生、智能制造企业生产服务人员、院校教师等提供学习和参考。

图书在版编目（C I P）数据

智能制造概论 / 易祖全，寇锦主编. — 北京：北京理工大学出版社，2021.9（2024.1重印）

ISBN 978 – 7 – 5763 – 0313 – 1

Ⅰ.①智… Ⅱ.①易… ②寇… Ⅲ.①智能制造系统 – 职业教育 – 教材 Ⅳ.① TH166

中国版本图书馆 CIP 数据核字（2021）第 184699 号

责任编辑：陆世立		**文案编辑**：陆世立	
责任校对：周瑞红		**责任印制**：边心超	

出版发行 / 北京理工大学出版社有限责任公司

社　　址 / 北京市丰台区四合庄路 6 号

邮　　编 / 100070

电　　话 /（010）68914026（教材售后服务热线）

　　　　　　（010）68944437（课件资源服务热线）

网　　址 / http：//www.bitpress.com.cn

版 印 次 / 2024 年 1 月第 1 版第 2 次印刷

印　　刷 / 定州启航印刷有限公司

开　　本 / 889 mm×1194 mm　1/16

印　　张 / 10.5

字　　数 / 196 千字

定　　价 / 38.00 元

随着人工智能、5G、大数据等新兴信息技术的产生和应用，传统产品创新不足、成本高、自动化设备利用率低的生产方式正在发生巨大的变革。智能制造是制造业未来的发展方向，也是推动我国企业转型升级的必由之路。随着《中国制造2025》的不断推进，"中国智造"已经成为企业技术创新的发展方向，同时对培养高素质技术技能人才的职业教育提出了新的要求。

因此，在教学过程中普及推广智能制造相关知识，使学生对智能制造及其内涵、关键技术有一定的了解，为后续更深层次的学习奠定基础是非常必要的。然而，目前适合中职学生的智能制造相关教材较少，鉴于此，编者编写了本教材。

本教材根据加工制造类和信息技术类人才培养方案，结合中职学校的教学改革和课程改革，在每一个知识点前面均融入情景导入案例，在部分案例内容上融入思政元素和工匠精神，展示智能制造技术在最新领域的应用和全球优秀企业在智能制造领域取得的成就，让学生在学习知识的同时，增强自信，培养学生优秀的职业素养。

本教材以模块化形式组织内容，全书包括智能制造总论、智能制造系统、智能制造技术、智能制造应用4个模块。其中，智能制造总论主要介绍国内外智能制造的发展背景和现状，同时列举德国工业4.0和《中国制造2025》的相关内容。智能制造系统主要介绍当前智能化企业所采用典型工业管理软件的基本情况，如PLM、ERP、MES等的主要作用、发展趋势等。智能制造技术是本教材的重点内容，分别从电子技术、装备制造技术、信息技术三个方面进行介绍，电子技术集成传感、计算和通信三大技术主要应用于智能制造中感知系统和神经系统；装备制造技术是实现制造业高效高质量生产的关键；信息技术用于解决制造过程中分散式智能车间数据传输、存储和安全等问题，是智能制造的基础与支撑。智能制造应用主要通过案例介绍智能制造技术在智能工厂、智慧园区、汽车领域等的应用，其中，汽车领域围绕轮胎制造、整车制造等进行展示。

为编写符合职业教育学生特点的教材，编者多次深入企业进行调研，结合企业对人才的需求和智能制造技术发展的趋势，分析学生应知应会的知识，根据生产需求确定岗位标准，依据岗位标准分析岗位所需的知识和能力，教材紧跟智能制造技术发展趋势和行业人才需求，及时将产业发展的新技术、新工艺、新规范纳入教材内容。通过本教材的学习，加工制造类和信息技术专业的学生在掌握传统学科、专业知识和技术的同时，还能掌握智能制造关键技术，以适应未来智能制造岗位需求，拓宽就业渠道。本教材作为指导学生学习智能制造基本知识的教材，兼顾学科的广度，旨在为加工制造类和信息技术类专业学生、院校教师，以及智能制造企业生产人员和服务人员提供参考。

本教材由易祖全、寇锦担任主编，刘钟、黄燹、马露担任副主编，其中，刘钟负责编写模块1，黄燹负责编写模块2，寇锦、易祖全负责编写模块3，马露负责编写模块4。

本教材的编写得到了重庆工商学校领导的关心和支持，以及重庆华中数控有限公司余金洋的帮助和建议。编者参考了许多文献，在此表示衷心的感谢。本教材部分图片源于网络，在此向图片的原创者表示感谢。

智能制造技术目前仍处于发展阶段，许多新技术、新理论不断涌现，书中疏漏及不妥之处在所难免，恳请广大专家和读者批评指正。

编　者

2021 年 6 月

目录

模块 1

智能制造总论

　　智能制造（Intelligent Manufacturing，IM）是未来制造业的发展方向，是制造过程智能化、生产模式智能化和经营模式智能化的有机统一。智能制造能够对制造过程中的各个复杂环节（包括用户需求、产品制造和服务等）进行有效的管理，从而更高效地制造出符合用户需求的产品。在制造这些产品的过程中，通过智能化的生产线，让产品能够"了解"自己的制造流程，同时深度感知制造过程中的设备状态、制造进度等，协同推进生产过程，如图 1-1 所示。

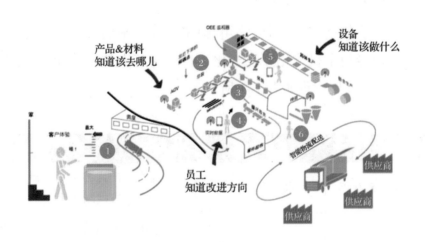

图 1-1 智能化工厂体系架构

　　要实现智能制造，必须让用户机器和资源能自然地沟通和协作。因而，智能制造不仅会成为未来制造业的核心，还将带来传统价值链和商业模式的深度变革。

单元 1.1 智能制造的时代背景

情境导入

2020 年 9 月 15—17 日，小小全程关注并收看了 2020 线上中国国际智能产业博览会（简称 2020 线上智博会）。本次博览会围绕智能产品、智能制造、智能应用、智能技术等领域，在智博会官网平台设置虚拟展区，运用 3D 展示等信息技术进行线上观展体验。小小切实感受到，智能生产、智慧生活的时代已向我们阔步走来，智能产业为国家经济和人民生活带来了全新的体验。

当前，全球制造业正在进行一场新的革命。随着物联网、工业互联网、大数据、云计算等技术的不断创新发展，以及信息技术、通信技术与制造业领域的技术融合，新一轮技术革命正在以前所未有的广度和深度推动着制造业生产方式和发展模式的变革。

1.1.1 制造业发展

制造业是国民经济的基础，工业是影响国家发展水平的决定因素之一。自瓦特发明蒸汽机以来，制造业经历了机械化、电气化、自动化三次技术革命，目前制造业正在向智能化迈进。制造业的发展历程如表 1-1 所示。

表 1-1 制造业的发展历程

发展阶段	年份	里程碑	主要成果
机械化	1760—1860 年	水力和蒸汽机	机器生产代替手工劳动，社会经济基础从农业向以机械制造为主的工业转移
电气化	1861—1950 年	电力和电动机	采用电力驱动的大规模生产，产品零部件生产与装配环节成功分离，开创了产品批量生产的新模式
自动化	1951—2010 年	电子技术和计算机	电子计算机与信息技术的广泛应用，使机器逐渐能够代替人类作业
智能化	2011 年至今	网络和智能化	实现制造的智能化、个性化、集成化

计算机问世后，机械制造业的发展方向大体分为两条路线，一是继续发展传统制造技术，二是发展借助计算机和数字控制科学的智能制造技术与系统。20世纪以来，自动制造的发展约每10年上一个台阶：20世纪50—60年代的"明星"是硬件数控；20世纪70年代以后，计算机数据控制（Computer Numerical Control，CNC）蓬勃发展；20世纪80年代，柔性自动化在世界范围内掀起热潮，同时计算机集成制造开始出现，但由于技术局限等原因，并未大规模应用于当时的实际工业生产。

如今，人类社会的制造业已从机械化全面迈向智能化、个性化，"私人定制"式工业生产将成为最新一次技术革命的主要标志。

1.1.2　智能制造的产生

20世纪80年代以来，虽然传统制造技术得到了很大程度的发展，但传统设计和管理方法无法有效解决现代制造系统中存在的许多问题。这促使研究人员、设计人员和管理人员不断学习、掌握并研究全新的产品、工艺和系统，然后利用各学科最新研究成果，借助现代工具和方法，在传统制造技术、计算机技术与科学、人工智能等技术进一步融合的基础上，开发出智能制造技术（Intelligent Manufacturing Technology，IMT）与智能制造系统（Intelligent Manufacturing System，IMS）。

20世纪90年代以后，世界各国大力发展IMT和IMS的原因如下。

（1）集成化离不开智能化

制造系统是一个复杂的大系统，系统多年积累生产经验的运用、生产过程中的人机交互，都必须使用智能装备（如智能机器人）等才能实现，而脱离了智能化，集成化将不能完美实现。

（2）智能化机器较为灵活

智能化既可用于系统，又可用于单机；可发展一种智能，也可发展多种智能；无论在系统中还是在单机上，智能化均可工作，不像集成制造系统那样必须全系统集成地工作。

（3）智能化的经济效益高

现有计算机集成制造系统制造成本高，且后期维护费用高昂，投入运行后需要放弃原有设备，故与计算机集成制造系统相比，智能化系统更容易推广。

（4）人员减少

雇员白领化使经验丰富的机械工人和技术人员日益缺乏，产品制造技术却越来越复杂，因而必须使用人工智能和知识工程技术解决现代化企业的产品加工问题。

（5）依靠生产管理和生产自动化提高生产率

人工智能与计算机管理的结合，使不懂计算机的人也能通过视觉、对话等智能交互方式进行科学化的生产管理，有效提高生产率。

单元 1.2　智能制造概述

情境导入

在 2020 线上智博会上，Roban 机器人完成曲线行走、坡面运动和上下楼梯；无人车、无人机实现 7×24 小时全天候、全流程、无人化物流管理；隧道施工监控无线组网打造真实场景地图定位，360° 旋转带语音交互功能的可视化调度、AI 自动预警的工程数智化应用；人脸识别、手势控制、物体辨识技术深入生产与生活。身处智慧科技的海洋中，小小决定系统性地了解智能制造的概念与内涵。

1.2.1　智能制造的概念

智能制造是基于新一代信息通信技术与先进制造技术深度融合，贯穿于设计、生产、管理、服务等制造活动的各个环节，具有自感知、自学习、自决策、自执行、自适应等功能的新型生产方式。理论上讲，智能制造系统在制造过程中可以进行智能活动，如交互体验、自我分析、自我判断、自我决策、自我执行、自我适应等。

智能制造领域已成为全球经济增长的新热点。在传统的规模化生产模式受到劳动力成本上升、能源需求居高不下等刚性约束的情况下，如何走出一条集约化、绿色化的可持续发展之路，是世界各国共同面临的重大挑战。与此同时，互联网、大数据、云计算、物联网等新一代信息技术的出现，为实现从传统制造到智能制造的跨越创造了条件。

我国《智能制造发展规划（2016—2020 年）》中明确指出，智能制造在全球范围内快速发展，已成为制造业重要发展趋势，对产业发展和分工格局带来深刻影响，推动形成新的生产方式、产业形态、商业模式。

早在 2006 年，美国科学家海伦·吉尔（Helen Gill）就提出过赛博物理系统（Cyber-Physical System，CPS）的概念；2008 年，IBM 提出了智慧生产的理念；2011 年，德国、美国相继提出工业 4.0 战略、工业互联网战略；我国在 2014 年提出了《中国制造 2025》的国家战略。

（1）智能制造是工业化发展的高级阶段

智能制造是伴随科学技术的发展而发展的，特别是伴随信息科学技术迅猛发展而产生的。世界工业化经历了蒸汽机、电气化、计算机、互联网等不同的发展时代，制造业作为工业的重要组成部分，承担着生产产品或零部件的任务。制造现代化是一个动态的发展进程，由一种技术取代另一种技术，推动工业制造不断演变。因此，只有从动态的视角、用发展的眼光来审视智能制造，才能科学学习，掌握其形成规律和本质特点。

（2）智能制造是信息化与工业化高度融合的新一代制造系统

智能制造是将传统的制造主体、制造技术、制造装备与现代信息化技术有机融合，并为机器赋予智能，与人类智慧融为一体，而诞生的全新制造系统。智能制造主要包括信息物理系统、高度高精度感知控制、虚拟设备集成总线、云计算、大数据和新型人机交互等多项核心技术。

（3）智能制造主要解决的问题

1）全面改变设计与制造的关系，让设计与制造之间互认互联，实现在线设计与在线制造的无缝对接。

2）减少制造成本，缩短生产周期，通过数据集成和大数据分析，形成最优制造策略，达到优化配置生产要素的目的，从而实现节约成本、提高生产率的管理目标。

3）提供快速、有效、批量的个性化产品和服务。互联网使用户可以在线参与体验设计过程，实现个性化的需求，而制造的智能化过程，可以实现批量的个性化定制生产。此处的"批量"不是数量的概念，而是指以批量生产的成本和效率来实现。以往企业最不愿意进行的就是小批量、多品种的业务，智能制造可以解决这个问题，提高企业的竞争力。

总体来讲，智能制造的目的就是通过智能方法、智能设计、智能工艺、智能加工、智能装配和智能管理等，进一步提高产品设计及制造的效率，实现制造集约化、精益化、个性化，通过信息技术开展分析、判断、决策等智能活动，将智能活动与智能设备融合，将智能贯穿于整个制造和管理的全过程。智能制造的最终目的是满足市场多元化的快速反应，实现批量定制的要求，但实际上智能制造本身还孕育多种新的生态产品或服务，其本质是将制造业带向制造服务业。例如，某些生产汽车的企业可能成为典型的出租车或专车服务企业，由原来的制造汽车企业转向汽车服务企业，向使用汽车的消费者在线收费；生产电冰箱的企业可能成为向家庭收费的"营养管理师"。

下面举例说明智能制造与传统制造在制造层面的区别。一种全新的制造模式——3D

打印实现了"由减材制造到真材制造"的颠覆性变革。

传统加工过程示意如图 1-2 所示，传统加工设备如图 1-3 所示。

图 1-2 传统加工过程示意

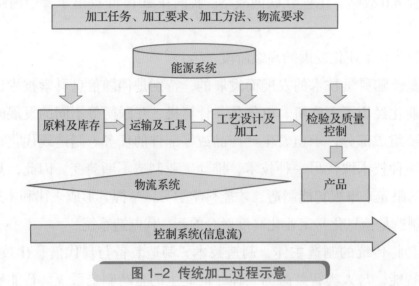

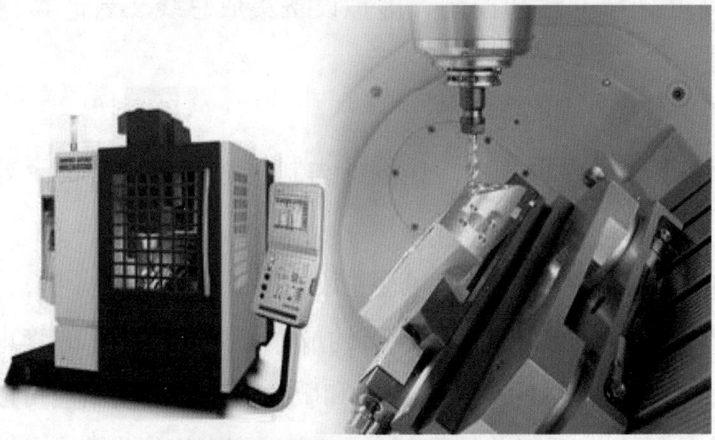

图 1-3 传统加工设备

3D 打印工艺流程示意如图 1-4 所示。3D 打印设备如图 1-5 所示。

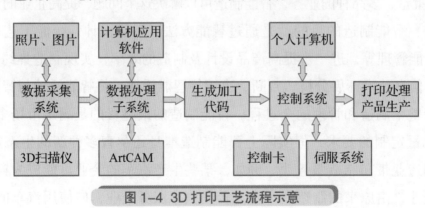

图 1-4 3D 打印工艺流程示意

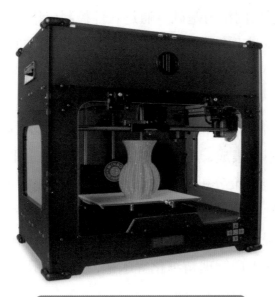

图 1-5　3D 打印设备

通过两种技术的对比，可以发现两者不同点。

1）传统加工工艺的逻辑起点是原材料，末端是产品，中端是加工技术；传统加工的流程是减材式加工，依赖的是各类加工设备；传统加工适合批量生产，满足经济规模要求。

2）3D 打印工艺的逻辑起点是产品，末端是产品，中端是打印技术；3D 打印工艺的加工流程依赖计算机技术、3D 打印设备及材料；3D 打印工艺可以满足批量定制生产的要求。

通过以上的对比分析，可以得出如下结论。

1）传统制造按照存量的技术与设备能力设计生产产品，而智能制造（以 3D 打印工艺为例）按照用户"产品"生产产品。

2）传统制造贯穿始终的是"有形的图样"，而智能制造贯穿始终的是数字传递。

3）传统制造依赖人的经验积累和设备的精度保证质量和效率；而智能制造依靠设备处理数据形成智能制造，依靠人机交互来保证质量和效率。

4）传统制造是人和存量设备选择产品；智能制造是产品需求选择人和设备，也可以理解为面对智能制造，人和设备都是定制生产的对象。

基于传统制造与智能制造的区别，不难发现，满足市场个性化需求，实现快速定制智能制造是制造业的发展方向。一个企业要想实现这个目标且形成规模，提高市场竞争力，还需要完成以下几项任务。

1）生产设备的智能化升级。以现有工厂的信息化和自动化为基础，逐步将专家知识不断融入制造过程，建立工业机器人及智能化柔性生产线，实现灵活和柔性的工厂生产组织，使工厂生产模式向规模化定制生产转变，充分满足个性化需求。

2）建立统一的工业通信网络。实现智能化工厂内部整套装备系统、生产线设施与移动操作终端泛在互联。车间互联和信息安全拥有保障，构建智能工厂车间的全周期信息数据链，以车间级工业通信网络为基础，通过软件控制应用和软件定义机器的紧密联动，促进机器之间、机器与控制平台之间、企业上下游之间的实时连接和智能交互，最终形成以信息数据量为驱动，以模型和高级分析为核心，以开放和智能为特征的智能制造工业系统。

3）构建资源共享的信息化平台。依据现有系统，逐步建设新系统，完善已有平台，并将各系统和平台进行不断集成，主要包含建设协同云制造平台能源管理平台、智能故障诊断与服务平台及智能决策分析平台等，无缝集成与优化企业的虚拟设计工艺管理、制造执行、质量管理、设备远程维护、能耗监测、环境监控和供应链等系统，实现智能工厂的科学管理，全面提升智能工厂的工艺流程改进、资源优化配置、设备远程维护、在线设备故障预警与处理生产管理精细化等水平，并实现研发、生产、供应链、营销及售后服务等环节信息的贯通及协同。

4）实现生产全过程的自动监控和产品数据跟踪系统。随着精益生产、全面质量管理、快速社会服务等先进理念的推广和应用，企业需要进一步加强对车间生产现场的支持能力和控制能力，实现对最基本生产制造活动全过程的监控和信息收集。

生产过程采集与分析主要以制造执行系统（Manufacturing Execution System，MES）中的扫描追溯模块为主，实现各环节的数据记录和采集；同时，MES 集成相关工序的数据采集系统，实现管理最优化和生产可视化，全面提升现场管理和产品服务智能。

5）基于互联网的支撑协同研发平台。例如，潍柴集团的全球协同研发平台，秉承"统一标准、全球资源、快速协同、最优品质、集中管控"五大原则，充分考虑数据安全性，依托明确的信息共享机制，通过分布式部署将设在法国、美国及国内的上海、重庆、扬州、杭州等地的研发中心紧密相连，利用各地专业化技术优势资源，使同一项目可以在不同地区进行同步设计，加快了研发进程，大大缩短了新产品推向市场的时间。另外，依托多视角物料清单（Bill of Materials，BOM）管理、图文档管理、研发项目管理、模块化设计等功能，以及在此平台上不断完善的产品数据管理（Product Data Management，PDM）、计算机辅助制造等系统，为协同研发提供信息化支撑。以配套海监船的发动机为例，通过北美先进排放技术研究、中国潍坊和法国博杜安研发中心协同设计、中国杭州仿真验证的四地协同研发模式，研发周期由原来的 24 个月缩减至 18 个月，整体研发效率提高 25% 左右，并为后续研发留存了大量有用的数据。

1.2.2 智能制造的特征

智能制造信息大数据集成是智能制造技术的应用核心，阿什比提出，应对生态的多样性，只有通过生产组织的复杂体系才能适应，而这个复杂体系只有通过对信息（大数据）的处理才能实现，即越复杂越智能，越智能越集成。

智能制造系统是一个复杂的系统，它具有以下 6 个基本特征。

1）主动适应环境变化与环境要求适度交互匹配。

2）制造过程中用数据代替人工，从而减少直接干预，而且多用智能设备代替人工。

3）人员单一管理生产或设备向系统智能管理进化。

4）可以进行生产过程再设计、智能系统再优化和系统再创造。

5）对外部参数及系统能及时反馈与智能响应。

6）将虚拟制造技术与现实制造有机结合。

1.2.3 智能制造标准体系框架

智能制造标准体系结构包括 A 基础共性、B 关键技术，C 行业应用 3 个部分，主要反映标准体系各部分的组成关系。智能制造标准体系结构如图 1-6 所示。

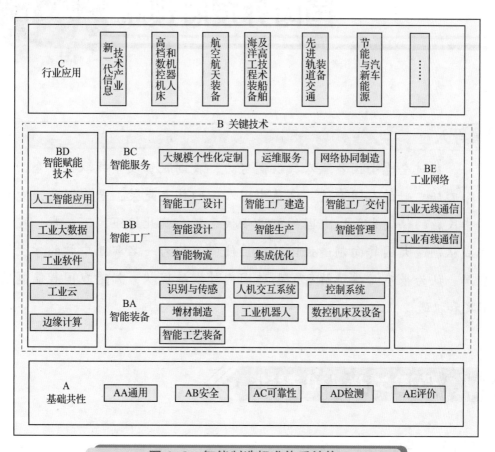

图 1-6　智能制造标准体系结构

具体而言，A 基础共性标准包括通用、安全、可靠性、检测、评价五大类，位于智能制造标准体系结构图的最底层，其研制的基础共性标准支撑着标准体系结构图上层虚线框内 B 关键技术标准和 C 行业应用标准；BA 智能装备标准位于智能制造标准体系结构的

B 关键技术标准的最底层，与智能制造实际生产联系最为紧密；在 BA 智能装备标准之上的是 BB 智能工厂，其是智能制造装备、软件、数据的综合集成，该标准在智能制造标准体系结构图中起着承上启下的作用；BC 智能服务标准位于 B 关键技术标准的顶层，涉及对智能制造新模式和新业态的标准研究；BD 智能赋能技术标准与 BE 工业互联网标准分别位于智能制造标准体系结构图的 B 关键技术标准的最左侧和最右侧，贯穿 B 关键技术标准的其他 3 个领域（BA、BB、BC），打通物理世界和信息世界，推动生产型制造向服务型制造转型；C 行业应用标准位于智能制造标准体系结构图的最顶层，面向行业具体需求，对 A 基础共性标准和 B 关键技术标准进行细化和落地，指导各行业推进智能制造。

单元 1.3 智能制造国内外发展现状

情景导入 →

2021 年，经过全党全国各族人民共同努力，我国脱贫攻坚战取得了全面胜利，创造了又一个彪炳史册的人间奇迹。这是中国人民的伟大光荣，是中国共产党的伟大光荣，是中华民族的伟大光荣！中国的前进步伐绝不会就此停下，下一步，我们将奋勇而上，完成从制造大国转向制造强国的艰巨使命。作为一名职业中学的学生，小小深感责任在肩，认为很有必要了解智能制造国内外发展现状，知道我国智能制造产业的优势、不足和机遇。

1.3.1 德国工业 4.0 概述

1. 德国工业 4.0

德国是全球制造业中具有强大竞争力的国家之一，其装备制造行业全球领先，这是由于德国在创新制造技术方面重视研究开发和生产，以及在复杂工业过程管理方面具有高度的专业化水平。德国拥有强大的机械和装备制造业，在信息技术能力方面的优势显著，在嵌入式系统和自动化工程领域具有很高的技术水平，这些都为德国确立了其在制造工程行业中的领导地位。为在新一轮工业革命中占领先机，在德国工程院、弗劳恩霍夫协会、西门子公司等德国学术界和产业界的建议和推动下，德国工业4.0项目于2013年4月在汉诺威工业博览会上正式推出。

2. 德国工业 4.0 的基本任务

为了将工业生产转变到工业4.0，德国的装备制造业不断将信息和通信技术集成到传统的技术领域中。德国实施工业4.0，以下是关键任务。

1）建立标准化和参考架构。工业4.0将涉及不同公司的网络连接与集成，只有开发出一套共同标准，这种合作伙伴关系才可能形成，所以需要一个参考架构，为这些标准提供技术说明，并促使其执行。

2）管理复杂系统。产品和制造系统日趋复杂，适当的计划和解释性模型可以为管理这些复杂系统提供基础，因此，工程师要具有开发这些模型所需的方法和工具。

3）建立全面宽频的基础设施。可靠、全面和高质量的通信网络是工业4.0的一个关键要求，因此，无论是德国内部还是德国与其伙伴国家之间，宽带互联网基础设施都需要进行大规模扩展。

4）安全和保障。安全和保障对于智能制造系统是至关重要的，要确保生产设备和产品本身不能对人和环境构成威胁。与此同时，保护生产设备和产品，尤其是它们包含的数据和信息，防止滥用和未经授权的获取。因此，不仅要部署统一的安全保障架构和独特的标识符，还要加强培训，增加专业发展内容。

5）工作的组织和设计。在智能工厂，员工的角色将发生显著变化，工作中的实时控制将越来越多，这将改变工作内容、工作流程和工作环境。在工作的组织中应用社会技术，将使工人有机会承担更大的责任，同时促进他们个人的发展。要使其成为可能，有必要设置针对员工的参与性工作设计和终身学习方案，并启动模型参考项目。

6）培训和持续的专业发展。工业4.0将极大地改变工人的工作技能，因此有必要通过促进学习、终身学习和以工作场所为基础的持续职业发展等计划，实施适当的培训策略和组织工作。为了实现这一目标，应推动示范项目和最佳实践网络研究、数字学习技术。

7）监管框架。虽然在工业4.0中新的制造工艺和横向业务网络需要遵守法律，但是新的创新也需要调整现行的法规，这些挑战包括保护企业数据责任问题，处理个人数据及贸易限制，这不仅需要立法，还需要企业制定相关规范，包括准则、示范合同和公司协议或审计等的自我监管措施。

8）资源利用效率。制造业消耗了大量的原材料和能源，这给环境和安全供给带来了若干威胁，工业4.0将提高资源的生产率与利用效率，故有必要计算在智能工厂中投入的额外资源与产生的节约潜力之间的平衡。

实现工业 4.0 是一个渐进的过程。未来企业将建立全球网络，把它们的机器、存储系统和生产设施融入虚拟网络 + 信息物理系统中。在制造系统中，这些虚拟网络 + 信息物理系统包括智能机器、存储系统和生产设备，能够相互独立地自动交换信息、触发动作和控制，这有利于从根本上改善包括制造工程材料使用、供应链和生命周期管理。

正在兴起的智能工厂采用了一种全新的生产方法，智能产品通过独特的形式加以识别，可以在任何时候被定位，并能知道自己的历史、当前状态和实现其目标状态的替代路线。嵌入式制造系统在工厂和企业之间的业务流程上实现纵向网络连接，在分散的价值网络上实现横向连接，并可进行实施管理。此外，它们形成的端到端的工程将贯穿整个价值链。

工业 4.0 拥有巨大的潜力智能工厂，使个体用户的需求得到满足，在工业 4.0 中，动态业务和工程流程使生产在最后时刻仍能变化，可以使供应商对生产过程中的干扰与失灵进行灵活反应。制造过程中提供的端到端的透明度有利于优化决策。工业 4.0 将带来创造价值的新方式和新的商业模式，特别是能为初创企业和小企业提供发展良机，并提供下游服务。此外，工业 4.0 将应对并解决当今世界所面临的一些挑战，如资源和能源利用效率、城市生产和人口结构变化等。公司的临时资源生产率和效率增益不间断地贯穿于整个价值网络中，它使工作组织需要考虑人口结构变化和社会因素，而智能辅助系统将工人从执行例行任务中解放出来，使他们能够专注于创新增值的活动，鉴于即将发生的技术工人短缺问题，这将使得年长的工人能延长其工龄，保持更长的生产生命。灵活的工作组织，使工人能够将他们的工作和私人生活相结合，并且继续进行更加高效的专业发展，在工作和生活之间实现更好的平衡。

3. 德国工业 4.0 的特征

德国工业 4.0 的特征包括以下 7 个方面。

1）制造中采用物联网和服务互联网。智慧工厂的架构如图 1-7 所示。

2）满足用户个性化需求。面向智慧工厂的 App 商店如图 1-8 所示。

3）智能制造的人机一体化协同创造。智慧工厂中的机器人技术如图 1-9 所示。

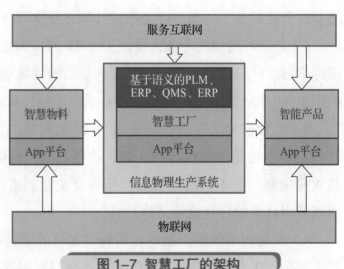

图 1-7 智慧工厂的架构

图 1-8 面向智慧工厂的 App 商店

图 1-9 智慧工厂中的机器人技术

4）实现信息集成的优化决策。德国工业 4.0 计划示意如图 1-10 所示。

图 1-10 德国工业 4.0 计划示意

5）资源有效利用，实现绿色可持续发展。智慧绿色生产示意如图 1-11 所示。

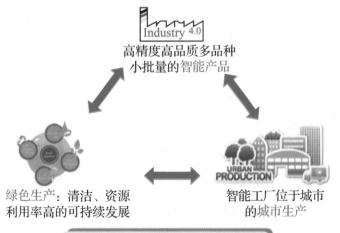

图 1-11 智慧绿色生产示意

6）通过新的服务创造价值。实施工业 4.0 的德国公司如图 1-12 所示。

7）人与制造系统之间的互动协作。面向智慧工厂的人机交互系统如图 1-13 所示。

TRUMPF公司

SAP公司

BOSCH公司

WITTENSTEIN公司

FESTO公司

图 1-12　实施工业 4.0 的德国公司

图 1-13　面向智慧工厂的人机交互系统

4. 德国工业 4.0 聚焦的重点

德国工业 4.0 将重点聚焦在以下 9 个方面。

1）引领智能化机械和设备制造的市场。

2）全球瞩目的 IT 集群。

3）嵌入式系统和自动化工程领域领先的创新者。

4）高度熟练和高素质的劳动者。

5）供应商和用户间距离相近且在某些领域紧密合作。

6）先进的研究基地和人才培训基地。

7）通过价值网络实现的横向集成。

8）贯穿整个价值链端到端的工程数字化集成。

9）垂直集成和网络化制造。

德国工业 4.0 实施的目的是要拟订一个最佳的一揽子计划，通过充分利用德国高技能、高效率并且掌握技术诀窍的劳动力优势来形成一个系统的创新体系，以此来开发现有技术和经济的潜力。

5. 德国工业 4.0 未来的发展领域

（1）智能工厂

德国工业 4.0 的重点是创造智能产品、程序和过程。其中，智能工厂是德国工业 4.0 的一个关键特征。智能工厂能够管理复杂的事物，不容易受到干扰，能够更有效地制造产品。在智能工厂中，人、机器和资源可以自然地相互沟通与协作；智能产品能够理解它们被制造的细节及使用方法，它们积极协助生产过程，回答如"我是什么时候被制造的？""哪些参数应被用来处理我？""我应该被传送到哪里？"等问题。其与智能移动性、智能物流和智能系统网络相对接。

智能工厂是未来智能基础设施的一个关键组成部分，这将导致传统制造业的转变和新商业模式的产生。德国工业 4.0 将在制造领域的所有因素和资源间形成全新的社会技术互动水平，使生产资源（如生产设备、机器人传送装置、仓储系统和生产设施）形成一个循环网络。这些生产资源将具有自主性，可自我调节以应对不同形势；可自我配置，基于以往经验配备传感设备；还可进行分散配置。同时，它们也包含相关的计划与管理系统。作为德国工业 4.0 的一个核心组成部分，智能工厂将渗透到公司间的价值网络中，并最终促使数字世界和现实世界完美结合。智能工厂以端对端的工程制造为特征，这种端对端的工程制造不仅涵盖制造流程，还包含制造的产品，从而实现数字和物质两个系统的融合。智能工厂将使制造流程的日益复杂性对于工作人员来说是可控的，在确保生产过程具有吸引力的同时，可以使制造产品在都市环境中具有可持续性，并且可以盈利。

（2）智能产品

智能产品具有独特的可识别性，在任何时候都可以被分辨出来，甚至在被制造时就知道整个制造过程中的细节。在某些领域，这意味着智能产品可以实现半自主地控制生产的各个阶段。此外，智能产品可以确保自身在工作范围内发挥最佳作用。同时，在整个生命周期内随时确认自身的损耗程度，这些信息可以汇集起来供智能工厂参考，以判断工厂是否在物流、装配和保养方面达到最优，当然这些信息也可以用于商业管理应用的整合。

（3）个性化产品

未来德国工业 4.0 可能允许有特殊产品需求的客户直接参与产品设计、制造、预订、计划、生产、运作和回收等各个阶段。对于即将生产或生产过程中的临时需求变化，德国工业 4.0 也可立即使该变化在产品中体现。

（4）高度人性化（制造岗位的灵活设置）

德国工业 4.0 的实施，将使企业员工可以根据形势和环境敏感的目标来控制、调节和配置智能制造资源网络和生产步骤。员工将从执行例行任务中解脱出来，可以专注于具有创新性和高附加值的生产活动，因此他们在产品制造的各个方面，尤其是在质量保证方面仍具有关键作用。与此同时，灵活的工作条件将使他们更好地协调工作和个人需求之间的关系。

（5）基于信息安全的云平台

德国工业 4.0 的实施，需要通过系统化的服务协议来进一步拓展基于云计算的安全的相关网络基础设施和特定的网络服务质量，这将满足具有数据密集型应用的用户需求，也将满足提供运行时间保障的服务供应商需求。

德国工业 4.0 将发展出全新的商业模式和合作模式。其往往被冠以如"网络化制造""自我组织适应性强的物流"和"集成客户的制造工程"等特征，它将产生新的组织系统及专业的供应商。

1）多品种、小批量的定制化，同时实现敏捷生产是德国工业 4.0 的目的。

2）基于信息通信技术实现智能工厂和绿色生产。

3）信息物理系统、物联网、互联网等产生大数据，通过集成处理大数据，实现优化、高效地制造。

4）基于信息物理系统的工业辅助，实现新一代智能制造工人的培养。未来，德国工业 4.0 技术人员将不再手动连接他们所管理的设备，生产系统将如同社会机器一样运转在类似于社交网络的工业网络中，其可自动连接到基于云计算的网络平台，并从中寻找合适的专家来处理问题，专家们利用集成的知识平台、视频会议工具和强大的工程技术，通过移动设备更有效地进行远程维护服务。此外，设备将通过网络持续加强和扩展自身的服务能力，不断自动更新或加载相关的功能和数据，通过网络平台实现标准化及更安全的通信链路，真正实现"信息找人、找设备"。

1.3.2 《中国制造 2025》概述

1. 时代背景

制造业是我国国民经济的主体，是立国之本、兴国之器、强国之基。从 18 世纪中叶开启工业文明以来，世界强国的兴衰史和中华民族的奋斗史一再证明：没有强大的制造业，就没有国家和民族的强盛。因此，打造具有国际竞争力的制造业是我国提升综合国力、保障国家安全、建设世界强国的必由之路。当前，新一轮科技革命和产业变革，与我国加快转变经济发展方式形成历史性交会，国际产业分工格局正在重塑，必须紧紧抓住这一重大历史机遇，实施制造强国战略，加强统筹规划和前瞻部署，力争到新中国成立 100 年时，把我国建设成引领世界制造业发展的制造强国，为实现中华民族伟大复兴的中国梦打下坚实的基础。新型工业化、信息化、城镇化、农业现代化同步推进，超大规模内需潜力不断释放，为我国制造业发展提供了广阔的空间。各行业新的装备需求、人民群众新的消费需求、社会管理和公共服务新的民生需求，以及国防建设新的安全需求，都要求制造业在重大技术装备创新、消费品质量和安全公共服务设施设备供给和国防装备保障等方面迅速提升水平和能力。全面深化改革和进一步扩大开放，将不断激发制造业发展活力和创造力，促进制造业转型升级。

我国经济发展进入新常态，制造业发展面临新挑战，资源和环境约束不断强化，劳动力等生产要素成本不断上升，投资和出口增速明显放缓，主要依靠资源要素投入规模扩张的粗放发展模式难以为继，调整结构、转型升级、提质增效刻不容缓。形成经济增长新动力，塑造国际竞争新优势，重点在制造业，难点在制造业，出路也在制造业。

2.《中国制造 2025》是国家战略

《中国制造 2025》是我国实施制造强国战略第一个十年的行动纲领，新一代信息技术与制造业的深度融合正在引发影响深远的产业变革，形成新的生产方式、产业形态、商业模式和经济增长点。各国都在加大科技创新力度，推动 3D 打印、移动互联网、云计算、大数据、生物工程、新能源、新材料等领域不断取得新突破。基于信息物理系统的智能装备、智能工厂等智能制造正在引领制造方式的变革。网络众包、协同设计、大规模个性化定制、精准供应链管理、全生命周期管理，以及电子商务正在重塑产业价值链体系。可穿戴智能产品、智能家电和智能汽车等智能终端产品不断拓展制造业新领域，我国制造业转型升级、创新发展迎来了重大机遇。

全球产业竞争格局正在发生重大调整，我国在新一轮发展中面临巨大挑战。国际金融危机以来，发达国家纷纷实施再工业化战略，重塑制造业竞争新优势，加速推进新一轮全球贸易投资新格局。一些发展中国家也在加快谋划和布局，积极参与全球产业再分工，承接产业及资本转移，拓展国际市场空间。我国制造业面临发达国家和其他发展中国家双向挤压的严峻挑战，必须放眼全球，加紧战略部署，着眼建设制造强国，化挑战为机遇，抢占制造业新一轮竞争制高点。

经过几十年的快速发展，我国制造业规模跃居世界第一，建立起门类齐全、独立完整的制造体系，成为支撑我国经济社会发展的重要基石和促进世界经济发展的重要力量。

持续的技术创新大大提高了我国制造业的综合竞争力，载人航天、载人深潜、大型飞机、北斗卫星导航、超级计算机、高铁装备、百万千瓦级发电装备、万米深海石油钻探设备等一批重大技术装备取得突破，形成了若干具有国际竞争力的优势产业和骨干企业，我国已具备建设工业强国的基础和条件。但我国仍处于工业化进程中，与先进国家相比还有较大差距，制造业大而不强，自主创新能力弱，关键核心技术与高端装备对外依存度高，以企业为主体的制造业创新体系不完善；产品档次不高，缺乏世界知名品牌；资源利用率低，环境污染问题较为突出；产业结构不合理，高端装备制造业和生产性服务业发展滞后；信息化水平不高，与工业化融合深度不够；产业国际化程度不高，企业全球化经营能力不足。

3. 《中国制造2025》整体战略目标和主要任务

《中国制造2025》的战略目标如下。

1）到2025年，制造业整体素质大幅提升，创新能力显著增强，全员劳动生产率明显提高，两化（工业化和信息化）融合迈上新台阶。

2）重点行业单位工业增加值能耗、物耗及污染物排放达到世界先进水平。

3）形成一批具有较强国际竞争力的跨国公司和产业集群，在全球产业分工和价值链中的地位明显提升。

4）到2035年，我国制造业整体达到世界制造强国阵营中等水平，创新能力大幅提升，重点领域发展取得重大突破，整体竞争力明显增强，优势行业形成全球创新引领能力，全面实现工业化。

5）新中国成立一百年时，制造业大国地位更加巩固，综合实力进入世界制造强国前列，制造业主要领域具有创新引领能力和明显竞争优势，建成全球领先的技术体系和产业体系。

《中国制造2025》的主要任务如下。

1）提高国家制造业创新能力。

2）推进信息化与工业化深度融合。

3）强化工业基础能力。

4）加强质量品牌建设。

5）全面推进绿色制造。

6）大力推动重点领域突破发展，主要包括集成电路及专用装备、信息通信设备、操作系统及工业软件、高档数控机床、机器人、航空航天装备、海洋工程装备，以及高技术船舶、先进轨道交通装备、节能与新能源汽车、电力装备、农机装备、新材料、生物医药及高性能医疗器械等领域。

7）深入推进制造业结构调整。

8）积极发展服务型制造和生产性服务业。

9）提高制造业国际化水平。

4. 实现《中国制造 2025》的保障措施

1）深化机制体制改革。

2）营造公平竞争的市场环境。

3）完善金融扶持政策。

4）加大财税政策支持力度。

5）健全多层次人才培养体系。

6）完善中小微企业政策。

7）进一步扩大制造业对外开放。

8）组织健全组织实施机制。

要实现《中国制造 2025》制造强国战略，必须紧紧抓住当前机遇。积极应对挑战，加强统筹规划，突出创新驱动，制定特殊政策，发挥制度优势，动员全社会力量奋力拼搏，更多依靠中国装备，依托中国品牌，实现中国制造向中国创造的转变、中国速度向中国质量的转变、中国产品向中国品牌的转变，完成中国制造由大变强的战略任务。

模块2
智能制造系统

智能制造系统是一种由智能机器和人共同组成的人机一体化智能系统。它在制造过程中能以一种高柔性与低集成的方式，借助计算机模拟人的智能活动，进行分析、推理、判断、构思和决策等，从而取代或延伸制造环境中人的部分脑力劳动。典型智能制造系统如图2-1所示。

生产设备和工位
智能化联网
管理系统
(DNC)

制造过程数据文档管理系统
(PDM)

生产数据及设备状态
信息采集分析
管理系统
(MDC)

数控加工智能
逆向仿真系统
(Virtual CNC)

可视化车间
管理系统
(VM)

生产过程电子工单
管理系统
(Travelers)

NC数控程序文档
流程管理系统
(NC Crib)

工装及刀夹量具管理系统
(Tracker)

图2-1 典型智能制造系统

单元 2.1 智能制造系统架构

　　你能想象现代化工厂是怎么运作的吗？上海洋山港码头是全球规模最大的集装箱自动化港口，日均吞吐量达到 2 万多标准集装箱，而整个港口仅需几名工作人员值守；京东、淘宝等大型网购平台的智能仓库里，分拣快递的是一个个顶着橙色托盘、能自行识别与分拣快递并充电的小型机器人。这一切都源自"中国智造"。

　　国家智能制造标准体系建设指南（2018 年版）》指出：智能制造系统架构从生命周期、系统层级和智能特征三个维度对智能制造所涉及的活动、装备、特征等内容进行描述，如图 2-2 所示。

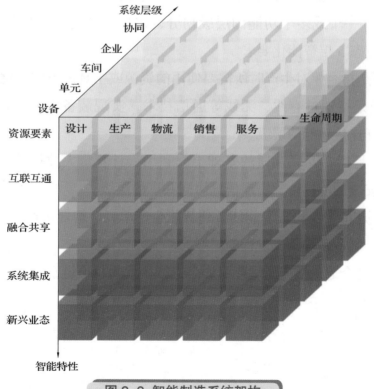

图 2-2 智能制造系统架构

1. 生命周期

生命周期也称产品生命周期管理（Product Life-Cycle Management，PLM）是指从产品原型研发开始到产品回收再制造的各个阶段，包括设计、生产、物流、销售、服务等一系列相互联系的价值创造活动。生命周期的各项活动可进行迭代优化，具有可持续性发展等特点。不同行业的生命周期构成不尽相同。

2. 系统层级

系统层级是指与企业生产活动相关的组织结构的层级划分，包括设备层、单元层、车间层、企业层和协同层。

1）设备层是指企业利用传感器、仪器仪表、机器、装置等，实现实际的物理流程并感知和操控物理流程的层级。

2）单元层是指用于工厂内处理信息、实现监测和控制物理流程的层级。

3）车间层是实现面向工厂或车间的生产管理的层级。

4）企业层是实现面向企业经营管理的层级。

5）协同层是企业实现其内部和外部信息互联和共享过程的层级。

3. 智能特征

智能特征是指基于新一代信息通信技术使制造活动具有自感知、自学习、自决策、自执行、自适应等一个或多个功能的层级划分，包括资源要素、互联互通、融合共享、系统集成和新兴业态 5 层智能化要求。

1）资源要素是指企业对生产时所需要使用的资源或工具进行数字化过程的层级。

2）互联互通是指通过有线、无线等通信技术，实现装备之间、装备与控制系统之间，企业之间相互连接功能的层级。

3）融合共享是指在互联互通的基础上，利用云计算、大数据等新一代信息通信技术，在保障信息安全的前提下，实现信息协同共享的层级。

4）系统集成是指企业实现智能装备到智能生产单元、智能生产线、数字化车间、智能工厂，乃至智能制造系统集成过程的层级。

5）新兴业态是企业为形成新型产业形态进行企业间价值链整合的层级。

单元 2.2　产品生命周期管理 PLM

　　任何生命的发展都有其规律，如花草树木的开花结果、人的发育与成熟等。我们也可以将产品划分为培育期、成长期、成熟期、衰退期、结束期，并进行全面系统的管理，以利于企业的发展壮大。从 2005 年起，我国每年举办一次中国制造业产品创新数字化国际峰会，大大促进了 PLM 在我国的发展态势。

2.2.1　PLM 的概念

　　PLM 即产品生命周期管理，适用于同一地点的企业的内部，或不同的地点的企业的内部。在产品开发过程中，如果具有协作关系的企业采用 PLM，那么在产品全生命周期信息创建、管理、分发和应用时，PLM 可以将与产品相关的人力资源、流程、应用系统信息进行集成。

　　PLM 主要包括以下内容。

　　1）可扩展标记语言（Extensible Markup Language，XML）、可视化、协同和企业应用集成等基础技术标准。

　　2）机械 CAD（Computer Aided Design，计算机辅助设计），电气 CAD、CAM（Computer Aided Manufacturing，计算机辅助制造）、CAE（Computer Aided Engineering，计算机辅助工程）、CASE（Computer Aided Software Engineering，计算机辅助软件工程）、信息发布工具等信息创建、分析工具。

　　3）数据仓库、文档和内容管理、工作流和任务管理等核心功能。

　　4）配置管理等应用功能。

　　5）面向业务 / 行业的解决方案和咨询服务。

2.2.2 PLM 的主要作用

根据一些世界知名咨询公司的调研报告，在发达国家制造业 IT 管理系统方面，PLM 系统受到广泛欢迎，其市场预期远远超过 ERP 系统。根据 Aberdeen 公司的调研，全球 PLM 市场的年增长率高达 10.9%。此外，根据 Aberdeen 公司的分析报告，对于实施了 PLM 以后的企业，其原材料成本节省 5%~10%，库存流转率提高 20%~40%，开发成本降低 10%~20%，市场投放时间节约 15%~50%，质保费用降低 15%~20%，制造成本降低 10%，生产效率提高 25%~60%。

以汽车厂商福特为例，在采用 PLM 解决方案后，其开发 Mondeo 这款车的研发费用节省了约两亿美元，缩短开发周期 13 个月，提高设计工程效率 25%。对计算机硬盘厂商 Seagate 而言，在采用 PLM 解决方案后，其数据存取时间从几天降至几分钟，并实现了从北美、欧洲到亚太地区的数据共享。航空轮胎厂商 Goodrich 采用 PLM 解决方案后，其原有的 40 多个企业信息化系统变为一个 PLM 系统，在单一 Web 界面下实现了对原 4 200 个用户自动化产品开发流程的系统监管协调，达到了实时获取系统数据的目的。

2.2.3 PLM 的建立方法

PLM 可保证将跨越时空的信息综合，并进行有机集成，以便在产品的全生命周期内充分利用 ERP、CRM、SCM 等系统中的产品数据与智力资产，如图 2-3 所示。因此，为使 PLM 发挥出最大的系统化价值，必须考虑能否将 ERP、CRM、SCM 等有机集成后发挥最大效用。考虑企业各自不同的特点及需求，这几个系统的规划建设需分清主次，并按照企业的具体需求选择最佳综合方案，即"统一规划，按需建设，重点受益"。

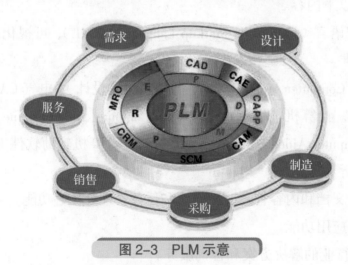

图 2-3 PLM 示意

1. 基于企业资源规划 PLM 系统

（1）物料需求规划与产品数据管理

根据产品数据管理（Product Data Management，PDM）、物料需求规划（Material Requirement Planning，MRP）分析确定需要自行创建的装备及需要外购的材料，从根本上保证解决工程 BOM 和制造 BOM 的有机衔接问题。

（2）人力资源与项目管理

在进行日常协调过程中，必须最大限度地利用企业内部资源进行相关人力资源及项目管理工作。

（3）采购与项目管理

在设备制造过程中，需要购买原材料。在购买原材料过程中，必须具备采购订单生成的能力。这样，才能通过订单紧密跟踪财务预算数据详情。

（4）财务与项目管理

监测预算、跨项目可行性预测必须依赖相关的财务与项目管理软件。实施过程中，必须仔细审查每个项目的关键财务信息。如果当前成本不符合预期成本，当前时间进度不符合项目进度，则需重新利用软件进行分析规划。

（5）生产管理与工程

为了有效地沟通从工程研发到车间工作面的工程变更指令（Engineering Change Order，ECO），产品数据需要在制造系统和 PDM 系统之间流动起来，这将有助于减少不合格零件。

2. 以供应链管理为出发点组成 PLM 系统

（1）供应链规划与产品数据管理

B2B（企业对企业）指令管理可以分析出供应链的隐藏成本，这就要求制造商有机连接 PDM 系统与供应链规划系统，详细了解某个工程变更指令的具体细节，进而精准预测供应链工程变更指令对下游环节的影响。工程变更指令所消耗的成本源于存货、制造、供应链规划和客户服务的不连续性。一旦将供应链规划（Supply Chain Planning，SCP）和 PDM 环节有效打通，制造商便可基于"what-if"逻辑来分析工程变更指令的最佳引入时间。

（2）生产规划与项目管理

企业规划的各种项目使其便于从相关管理系统中提取重要数据，进而利用软件仿真的方法来提前预测问题出现的根源。基于此，制造商可以合理、有效地组织资源，计算分析总体成本，确定最佳的产品生产地点。

（3）资源获取与产品数据管理

在准备建议需求的过程中，应该详细定义产品数据性能。如果仅凭软件配置管理（Software Configuration Management，SCM）或供应商关系管理（Supplier Relationship Management，SRM）系统是无法获得相关的实用信息的，为此，必须将资源获取与 PDM进行有效的集成。

（4）资源获取与协同产品设计

获取资源时，可以提供完整的产品定义，这样，就可保证协同 B2B 产品设计的顺利实施。外协供应商投标项目过程中，可以将标准件资源与 PDM 无缝有机链接，从而在投标标准零部件的同时，结合自身独特技术优势和客户特殊需求，在产品设计制造过程中发挥自身优势。在这个过程中，OEM 厂商由于共享了外协供应商的智力资源而获益匪浅。

（5）需求预测与产品组合管理

新产品上市需要调拨拆分一定的产品零部件。企业可以根据市场分析数据，基于需求预测结果对不同产品组合的市场表现进行精准评估。

3. 以客户关系管理为出发点组成 PLM 系统

（1）市场分析与产品组合管理

计划上市新产品以后，制造商需要利用市场分析软件对整个产品系统进行详细的技术分析，从而确定如何将新产品与现有产品的性能要求有效对接，并进一步考虑是否需要相关零部件的调拨使用。

（2）客户服务与产品数据管理

以往的产品服务数据是制定后续管理服务策略的基础依据。如何将其与产品数据管理系统集成，十分重要。只有有机高效集成，才能保证工程设计部利用这些产品设计信息进行设计工作。

（3）销售预测与项目管理

项目管理预测数据需要与销售和市场对接，才能实现生产制造承诺。在按单设计过程中，不能一味承诺客户需求。为此，需要对销售进行精准预测，这需要实时获取项目执行过程中的信息。

（4）客户关系管理与客户需求管理

1）将客户的需求信息反馈到工程开发环境中，实现客户化设计。

2）将销售数据生成销售指南，使客户按预先配置购买产品。

3）批处理（如消费品）时根据销售数据建立价格敏感模型，进行效用分析。

4）知识管理与产品组合管理。利用产品组合管理软件，可以分析产品为何在市场上存在。在这个过程中,需要使用专利、规则需求、测试等各种知识产权信息。因此,产品组合管理是企业智力资产的集散中心。

2.2.4　PLM 的发展趋势

PLM 在未来将从以下几个重要的方向发展:定制化的解决方案;高效多层次协同应用;多周期产品数据管理;知识共享与应用管理;数字化仿真应用普及。

1.　定制化的解决方案

为确保 PLM 的成功应用,要求软件供应商必须快速响应企业需求。只有做到尽可能快速响应,并保证合理的代价,才能使系统成功实施并向深入方向发展。基于此,必须要求 PLM 是可以提供定制化解决方案的。研究 PLM 的发展历程可以发现,其定制功能经历了缺乏可定制、模型可定制、模型驱动的构件可定制等一系列发展过程。随着企业理性的日益增长,PLM 必须积极响应企业对快速、稳定、安全且成本低廉的资产的部署要求,并在此基础上,通过数据仿真模型和业务模型的运作来制定解决方案。即便如此,PLM 仍难以满足日益增长的企业个性化需求。所以,将来 PLM 发展的重点是能提供用户需求引导的最终产品形态配置解决方案。

2.　高效多层次协同应用

目前,PLM 的快速发展已涵盖产品市场需求、概念设计、详细设计、加工制造、售后服务、产品报废回收等全过程,同时与企业其他信息系统间实现了深度集成。PLM 系统现已在集团型企业内部实现了广泛使用,同时促进了产业链上下游企业间的协同。在这个过程中,会存在由产品阶段不同、参与人员组织不同等造成的协同问题。为此,只有实现高效的协同应用发展,优化具体的业务执行流程,才可保证提高工作效率,进而提高企业的利润回报率。

3.　多周期产品数据管理

PLM 产品由 PDM 产品发展而来,并在企业应用过程中延伸到相关设计决策部门。企业对同一系统中的数据有不同的划分标准及要求,因此同一产品数据会有不同的生命周期分析结果。

4.　知识共享与应用管理

目前,企业的知识管理解决方案数量众多。知识管理系统能够把企业的事实知识

（know-what）、技能知识（know-how）、原理知识（know-why）与公司数据库中的显性知识衔接。

企业的数据会随着时间的增加而增加，让这些知识在企业内部方便、快捷地传播共享是非常重要的事情。

在知识共享和应用过程中，首先要做到知识的有效获取，即必须进行有效的数据挖掘整理。其次，需要做好知识的传播工作，即在 PLM 系统中有机融入体系化的理论知识，并利用 PLM 系统完成知识的传递，服务企业生产，减少不必要的重复劳动。此外，通过知识的系统分类整理可以形成体系化的企业知识管理流程规范，这是企业的无形资产。

5. 数字化仿真应用普及

企业对生产过程的仿真管理需求是不断增加的。全球三大 PLM 厂商——UGS-Tecnomatix、Dassault Systemes、PTC-Polyplan 均形成了成熟的基于数字化仿真的制造过程解决方案，可以帮助企业节约产品研发成本及时间。

数字化仿真重点集中在产品生产制造和管理过程仿真两大环节。目前，产品制造仿真以航空航天、汽车和电子等大型制造行业的应用为主，由于一款产品的研制时间较长，复杂度要求通常较高，传统生产流程会在产品形成和测试过程中耗费大量的人力和物力，消耗企业的大量成本，并且存在多次测试的情况。

基于数字化仿真技术，可以在计算机上完成测试验证工作，降低成本和时间消耗。管理过程的仿真主要服务于管理者的新业务制定过程。如果按照传统的新业务制定过程实施，将会导致适应时间较长；另外，已有业务规则的调整需要大量人员参与，也会导致这一过程周期较长。对于企业管理而言，这是一个重大的挑战。基于数字化仿真技术，管理者可以通过 PLM 系统仿真软件提供的算法完成相应流程的制定和执行过程，基于生成的相关数据来完善相关业务制定流程，并通过数值模拟仿真来发现和改进问题，从而节省制造管理成本，最终使整个管理过程精准可控。

单元 2.3　企业资源管理软件 ERP

情景导入 →

　　随着人工智能的普及，以及智能制造时代的到来，越来越多的工厂和企业实现了自动化生产和管理。例如，上海洋山港码头，岸桥最高台时量高达 57.4 自然箱，昼夜吞吐量达 20 823.25 标准集装箱，生产作业实现本质安全和直接排放为零，且人均劳动生产率为传统码头的 213%。那么，上海洋山港码头是如何采集、分析大量的实时数据，优化资源配置的呢？通过学习企业资源管理软件（Enterprise Resource Planning，ERP），就能找到答案。

2.3.1　ERP 概述

　　智能信息化技术是 ERP 系统的物质基础。ERP 系统通过科学、精准及系统化的管理方法，为企业及员工制定科学有效的决策执行方案。

　　ERP 软件本质上是制造商业系统和制造资源计划软件，客户 / 服务架构、图形用户接口、应用开放系统是 ERP 软件的关键组成。另外，ERP 具有品质、过程运作管理，调整报告等功能，并具备软硬件快速升级的能力。因此，需要开发出关键的基础技术来满足 ERP 快速更新换代的需求。总之，ERP 系统必须对用户友好，以便制定个性化的使用方案。

　　以 ERP 理论思想为指导，以服务产品设计为目的，能够有效综合企业财务、物流、供应链、生产计划、人力资源、设备、质量管理等软件操作系统的综合企业资源计划系统软件，均可定义为 ERP 软件。国际上，SAP ERP 软件以其开放性、严谨性和功能性而闻名世界；此外，Oracle ERP、Axapta ERP 等也是国际上较受欢迎的 ERP 产品。国内方面，用友 ERP、台湾方天 ERP 较受欢迎。

　　ERP 系统是现代企业采用的标准信息管理运作模式。它可以保证企业更加高效地根据市场配置资源，提高财富创造的效率，为企业在全面智能制造时代的发展奠定基础。

可以从管理思想、软件产品、管理系统三个层次定义 ERP，不同层次侧重点不同。

1. 管理思想层次

只有制造资源计划（Manufacturing Resources Planning，MRP）与供应链无缝对接，才能保证整套企业管理系统有效运作，进而形成科学有效的企业管理系统体系标准。具体而言，管理思想层次包含以下三个重要方面。

（1）管理整个供应链资源

企业必须将供应商—制造工厂—分销网络—客户这一供应链纳入一个由自己精准掌控的大的反馈闭环系统中，以便对生产、物流、营销、售后服务过程进行无缝精准对接，避免资源浪费，达到市场导向的精益生产要求，最终获得市场竞争优势。在这个闭环反馈实现的过程中，供应链的无缝精准高效运行至关重要，其是保证资源有效配置的物质信息基础，而 ERP 系统又是实现供应链无缝精准高效运行的重中之重。因此，只有开发出先进的 ERP 系统，才能保证企业在供应链环节的竞争中掌握绝对优势，确立其在市场经济时代的重要地位。

（2）精准服务、精益生产、同步工程和敏捷制造

混合型生产方式要求精益生产和敏捷制造能够同步进行。这需要同步工程来协调完成。精益生产要求生产、物流、营销、售后服务过程无缝精准对接，避免资源浪费。而确保无缝对接的智能控制算法必须综合权衡企业同其销售代理、客户和供应商的利用共享合作模式，只有这样才能确保供应链的精准高效运行。但是，精益生产只能在市场需求确定的前提下确保企业供应链的无缝精准运行。一旦市场需求发生变化，生产模式和生产方法都会发生不同程度的改变。为了保证设计制造部门能够迅速反馈市场变化，基于敏捷制造思想，以同步工程为纽带，建立特定的生产—供应销售部门的虚拟供应链系统进行分析，最终形成虚拟工厂，以指导产品生产部门良性地反馈市场需求，不断提供高质量的新产品。

（3）保证事先计划与事中控制，形成精准闭环反馈

主生产计划（Master Production Schedule，MPS）、物料需求计划、能力计划、采购计划、销售执行计划、利润计划、财务预算和人力资源计划等必须完全集成到整个供应链系统，这样 ERP 系统才能真实地发挥作用。具体而言，ERP 系统可以通过监控物流和现金流的同步性及一致性来完成相关作业。因此，需要精准定义会计核算项目及方法，以便在需要监管时自动生成会计核算分录，实现财务状况的追根溯源并对相关企业生产活动进行判断评估，避免物流和资金流的不同步，为最终进行正确的企业生产销售决策奠定基础。

在实现决策的过程中，最关键的角色还是人。只有每个工作人员充分发挥自己的主

观能动性和积极性，并且相互协调配合，才可以保证整个计划、控制、决策过程有效实施。这也是管理向扁平化组织方式转变的关键所在。只有这样，才能使企业对市场的需求达到最大限度的优化响应。随着人工智能时代的到来，ERP 系统可以将越来越多的专业决策过程纳入计算机可控编程逻辑中，实现企业的柔性化、精准化、快速管理。

2. 软件产品层次

产品以 ERP 管理思想为灵魂，基于客户机 / 服务器体系、关系数据库结构、面向对象、图形用户界面、第四代语言（4GL）、网络通信等核心技术，通过专家智能控制算法，满足特性各异的企业资源规划要求。

3. 管理系统层次

ERP 管理系统必须实现企业管理理念、业务流程、基础数据、人力物力、计算机硬件和软件的综合最佳无缝衔接与匹配。

2.3.2 ERP 系统的历史发展

ERP 的发展经历了以下四个阶段。

1. 20 世纪 60 年代的 MRP 系统

基于 MRP 系统，可以针对具体的主生产计划、BOM、在货单（库存信息）等资料，通过计算制订相应的生产物流计划，并实时对订单进行修正，以期达到满意的效果。

工业企业所需产品是非常繁杂的，从计划制订的角度而言，工业企业计划制订时计算量大，工作任务烦琐。为此，1965 年，IBM 的 Joseph A. Orklicky 基于独立需求和非独立需求等理念，并顺应计算机技术开始在企业发展管理中广泛应用这一趋势，开发出可以在计算机系统上对装配产品进行生产过程控制的 MRP 系统。

2. 20 世纪 70 年代的闭环 MRP 系统

将 MRP 系统与能力需求计划（Capacity Requirement Planning，CRP）相结合，可以形成闭环反馈计划管理控制系统，简称闭环 MRP 系统。此前的 MRP 系统称为开环 MRP 系统。开环 MRP 系统的主要功能是完成产品零部件配套服务的库存控制，从根本上解决产品订货物料项目、物料数量及供货时间的计算等问题。

与开环系统相比，闭环系统在完成物料需求计划以后，首先，根据生产工艺，完成对基于物料需求量的生产能力的计算工作；然后，利用闭环系统的反馈比较功能，将计算结果与现有生产能力对比，同时对计划可行性进行检查，如果反馈结果为不符合要求，则必须对物料需求及主生产计划进行修正，直至达到综合最优平衡效果为止；最后，为了检测闭环控制方案的实际落实情况，须进入车间作业控制系统进行实地监察。

闭环 MRP 系统具有以下扩展功能。

1）CRP 子系统。

2）车间作业控制子系统。

3. 20 世纪 80 年代的 MRP II 系统

MRP II 系统是对企业的制造资源进行计划、控制和管理的系统。MRP II 系统是对闭环 MRP 系统进行改进发展而来的系统，其可实现物流与资金流的信息集成，并增加了模拟功能，可对计划结果进行模拟仿真及评估。

MRP II 系统的制造资源有四类。

1）生产资源。

2）市场资源。

3）财务资源。

4）工程制造资源。

MRP II 系统具有六大特性。

1）计划的一贯性和可靠性。

2）管理的系统性。

3）数据的共享性。

4）动态应变性。

5）模拟预见性。

6）物流、资金流的统一性。

4. 20 世纪 90 年代的 ERP 系统

20 世纪 90 年代，市场竞争加剧，为满足市场需求，MRP II 系统需要进一步发展升级。20 世纪 80 年代，MRP II 系统的重点是如何在企业内部进行制造资源的集中优化管理。而 20 世纪 90 年代，更加开放的市场竞争环境要求 MRP II 系统将重点放在企业整体资源的管理与优化上，这就促使了 ERP 系统的产生。新产生的 ERP 系统具有以下特点。

1）ERP 系统基于 MRP II 系统拓宽了管理范畴，形成了新型管理结构。

2）ERP 系统整合优化匹配企业所有资源，将物流、资金流、信息流完全纳入一体化系统管理过程。

3）ERP 系统基于 MRP II 系统，完成了对生产管理方式、管理功能、财务系统功能、事务处理控制、计算机信息处理等重要业务领域的改进工作。

2.3.3　ERP 系统的分类

1. 按功能分类

（1）通用型 ERP 系统

通用型 ERP 系统一般只能完成买入卖出、仓库管理、产品分类、客户关系管理等基本通用功能。这些功能的实现只需系统具备基本的数据记录能力即可，无法增加满足企业特殊性质要求的功能接口。

（2）专业 ERP 系统

专业 ERP 系统必须根据企业的特殊性质与要求提前设计定制。专业 ERP 系统在通用型 ERP 系统的数据记录功能基础上，基于不同人工智能算法，并结合企业特色，可以实现管理服务的多元细化设计。

2. 按所采用的技术架构分类

（1）C/S 架构 ERP 系统

C/S（Client/Server）构架即客户/服务器架构。该架构需要使用高性能计算机、工作站或小型机，客户端需要安装专用的客户端软件。

（2）B/S 架构 ERP 系统

B/S（Browser/Server）架构即浏览器/服务器架构。该架构要求客户端必须安装一个浏览器并保证它能通过网络服务器（Web Server）与数据库进行数据交互。

2.3.4　ERP 系统的企业应用及效益

ERP 系统的顺利实施需要整个企业部门通力配合，上至管理层，下至操作人员，均需贡献自己的专业技术经验。在此前提下，依然需要实施者花费大量的时间和精力来完成这一系统工程。这是因为在实施过程中需要协调各种问题，确保利益损失最小化。ERP 系统的企业应用存在的具体问题如下。

1）利益矛盾导致项目难以有效推进。

2）风险承担意识不统一，难以做出符合市场需求的最优市场决策。

3）企业需求的定义和描述受制于管理人员的思维定式及企业的具体条件，难以发现企业面临的关键问题。

4）管理者缺乏项目经验，导致 ERP 系统管理方法的分析、建模不能反映项目的真实需求。

为解决以上问题，需要聘请专业的 ERP 咨询公司来起到桥梁、纽带的作用。在实施过程中，ERP 咨询公司必须以独立客观的第三方形象出现，并具备扎实的跨学科技术知识体系，以及经实践证明正确的方法论指导体系，这样才可以在企业信息化建设中起到关键作用。

美国生产与库存控制学会资料显示，MRP II/ERP 系统能产生以下经济效益。

1）库存减少 30%~50%。

2）延期交货情况减少 80%。

3）采购提前期缩短 50%。

4）停工待料情况减少 60%。

5）制造成本降低 12%。

6）管理人员减少 10%。

7）生产能力提高 10%~15%。

2.3.5 ERP 平台式软件

随着我国企业信息化的日益成熟，以及 ERP 系统的深入发展，企业对 ERP 软件的个性化需求大规模增长，从而促使大型公共 ERP 集成系统运营平台，即 ERP 平台式软件的诞生。

ERP 平台式软件基于现有 ERP 开发平台，通过调整平台系统的具体参数设置可以达到快速、精准、高效地制定符合企业特色需求的 ERP 管理系统的目的。由于无须进行二次开发工作，它可以保证在很短时间内有效地集成企业内部组织资源，进而实现企业与客户、供应商及合作伙伴的协同高效发展，最终为中小企业的发展壮大及大型企业的全球化提供必要的技术支撑。

ERP 平台式软件具有以下特点。

（1）快速完成功能搭建工作

需要进行二次开发时，软件公司可结合企业实际需求迅速完成软件功能的增加、修改、删除等工作。上至界面输入、查询、统计、打印、企业业务流程，下至数据库表结构，都可以进行访问、编辑和重新定义。

（2）全面和一体化的应用开放式平台

除集成优化企业内部管理业务工作流程外，供应商、合作伙伴、客户之间的商务往来也可以通过 ERP 平台式软件进行协同优化，从而保证业务物流、生产计划、生产控制、销售、客户关系、人力资源、办公自动化、知识、项目、企事业机构等均可以纳入平台，进行全维度综合最优化管理。

（3）协同商务（c-commerce）

ERP平台式软件根据企业的盈利及效益目标要求，通过智能控制优化算法，可以助力企业形成良性的电子商务开放运营环境，从根本上保证商务供应链协同优化管理目标的实现。

（4）灵活的调整机制

ERP平台式软件能够快速、精准地响应企业在管理运营方式上的变化，进而指导企业管理层对业务流程、审核流程、组织结构、运算公式、各类单据、统计报表及单据转换流程等进行灵活调整，随机应变，随需应变。

（5）管理软件完全受企业掌控

ERP平台式软件所有接口均具有自定义功能。也就是说，一旦开始计划管理工作，相关项目人员便可对软件的功能模块进行设置、匹配及修改完善等。这样企业就具有足够的自我开发权限，而不必受制于软件供应商。

（6）无须代码开发

ERP平台式软件的最大优势是解决了管理人员编程水平参差不齐的问题。只要熟悉具体业务流程，就可以依靠软件提供的界面友好的编程模块进行深度编程设计工作。工作完成后，只需将相关模块融入软件产品体系，便可对各类特色功能进行按需配置。

单元 2.4　制造执行系统软件 MES

情景导入

假如你是一名企业家，现在有一个工厂有如下需求要实现。

1. 实时掌控生产现状。

2. 产品品质管理，问题追溯分析。

3. 物料损耗、配给跟踪、库存管理。

4. 根据设备运行情况，合理安排工单。

你会如何实现呢？其实，只需要一套制造执行系统（Manufacturing Execution System，MES）软件就可以了。

2.4.1 MES 概述

MES 最早于 20 世纪 90 年代初提出，初衷是强化 MRP 系统的执行能力，即将 MRP 系统精益化措施落实到最根本的车间作业现场控制层面，这就需要高效、精准的执行系统发挥作用。现场控制的主要部分涵盖 PLC 程控器、数据采集器、条形码、各种计量及检测仪器、机械手等。另外，MES 需要必要的程序接口，以保证与控制设备供应商进行有效合作。

2.4.2 MES 的定义

不同的研究机构对 MES 的定义各具特点。美国先进制造研究中心将 MES 定义为"位于上层的计划管理系统与底层的工业控制之间的面向车间层的管理信息系统"。而国际制造执行系统协会将 MES 定义为："MES 能通过信息传递对从订单下达到产品完成的整个生产过程进行优化管理。当工厂发生实时事件时，MES 能对此及时做出反应、报告，并用当前的准确数据对它们进行指导和处理。这种对状态变化的迅速响应使 MES 能够减少企业内部没有附加值的活动，有效地指导工厂的生产运作过程，从而使其既能提高工厂及时交货的能力，改善物料的流通性能，又能提高生产回报率。MES 还通过双向的直接通信在企业内部和整个产品供应链中提供有关产品行为的关键任务信息。"

以上关于 MES 的定义，有以下三点需要强调。

1）MES 以整个车间制造过程为优化对象。

2）MES 能实时采集生产过程中的数据并进行精准的分析和处理。

3）MES 是计划层和控制层信息交互的关键纽带，企业的连续信息流通过 MES 的中介作用构成企业信息全集成中的关键一环。

MES 系统的应用如图 2-4 所示。

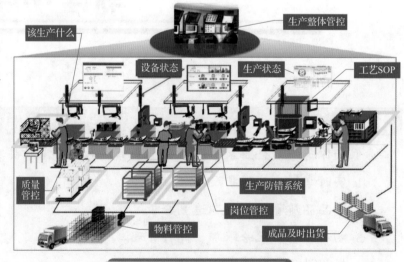

图 2-4 MES 系统的应用

2.4.3 MES 的发展

为使计划与生产有机高效地结合，以面对不断变化的市场环境，保证企业的稳健运行，必须要求企业相关人员尽快熟悉生产现场的关键变化信息，并依据经验做出最准确的判断和最快速的响应，保证生产计划的快速精准执行。上述工作仅仅依靠 ERP 系统是难以完成的。这是因为 ERP 系统提供的信息主要服务于企业上层管理层，无法针对车间具体管理流程提供翔实的数据和流程优化建议。虽然自动化生产设备、自动化检测仪器、自动化物流搬运储存设备等可直接实时反馈关键的生产现场数据信息，但由于没有管理系统对信息进行分类与加工处理，ERP 系统不能保证精准的车间层管理得以实施，这就导致在 ERP 系统和生产现场自动化设备之间的信息交融、优化配置环节出现了管理信息流的断层。最终，企业上层无法真实了解车间层出现的具体问题，也无法对生产过程提出有针对性的改进建议；车间层则无法系统调度管理现场生产资源。

ERP 应用中存在的具体问题如下。

1）能否针对用户产品投诉溯源产品生产过程信息，如原料供应商、操作机台、操作人员、工序、生产日期和关键的工艺参数等。

2）生产线进行产品混合组装时，能否自动防止部件装配错误、产品生产流程错误、产品混装和货品交接错误。

3）过去一定时间内生产线上出现最多的产品缺陷是什么，有多少次品。

4）产品库存量有多少，前中后各道工序生产线上各种产品的数量有多少，供应商有哪些，何时可以交货。

5）生产线和加工设备有多少时间在生产，多少时间在停转和空转；影响设备生产潜能的最主要原因是设备故障、调度失误、材料供应不及时、工人培训不足，还是工艺指标不合理。

6）产品质量检测数据可否自动统计分析。

7）可否精确区分产品质量波动。

8）能否自动对产品生产数量、合格率和缺陷代码进行自动统计。

为解决上述问题，MES 应运而生。

1990 年 11 月，美国先进制造研究中心提出了 MES 的基本理念。1997 年，国际制造执行系统协会提出 MES 的功能和基本集成架构。最初，MES 主要包含 11 个功能。到 2004 年，制造执行系统协会提出了协同 MES 体系结构（C-MES）。

我国 MES 起源于 20 世纪 80 年代从 SIEMENS 公司引进的相关系统。20 世纪 90 年代初期，中国开始对 MES 及 ERP 进行跟踪研究、宣传或试验，并提出了"管控一体化""人、财、物、产、供、销"等颇具中国特色的计算机/现代集成制造系统（Computer/Contemporary Integrated Manufacturing Systems，CIMS）、MES、ERP、软件配置管理（Software Configuration Management，SCM）等概念。

MES 依托企业 CIMS 信息集成技术，确保企业敏捷制造和车间敏捷生产得以实现。近年来，基于优秀的面向车间层的生产管理与信息系统技术 MES 发展迅速。应用 MES 后，用户可以在快速响应、柔性精准化、低成本、精准物流、精益品质加工的市场环境下享受个性、舒适的高附加值的高端装备制造服务。这些装备制造服务主要涉及家电、汽车、半导体、通信、IT、医药等行业。这些行业一般具有单一大批量生产、多品种小批量 + 大批量混合型生产等典型特征。

MES 已在国外广泛应用，国内企业也开始通过大量引进、开发 MES 来增强自身的核心竞争力。我国制造业一般采用自上而下的生产模式，即制订生产计划—生产计划到达生产现场—生产过程组织控制—产品派送。ERP 系统主要在计划层起到核心作用，即在上层有效整合企业核心资源并制订合理的生产计划。为了精准落实生产计划，生产控制层的执行过程精准控制就显得格外重要，而这也是 MES 发挥关键作用之处。在生产控制层的控制过程中，必须对自动化生产设备、自动化检测仪器、自动化物流搬运储存设备进行现场自动化控制。

2.4.4　MES 的特点及定位

MES 是 ERP 系统计划层与车间现场自动化执行层之间的关键纽带，其主要作用是保证车间生产调度管理有效进行。它可以有机而高效地涵盖生产调度、产品跟踪、质量控制、设备故障分析、网络报表等诸多管理环节。通过数据库和互联网，MES 能向生产部门、质检部门、工艺部门、物流部门及时反馈数据管理信息，并有机综合协调整个企业的闭环精益生产过程，为高度综合集成的实时 ERP、MES、SFC 系统提供关键的信息技术支撑保障。

1.　MES 的特点

MES 具有以下特点。

1）数据采集引擎功能强大。

2）整合数据采集渠道，如射频识别（Radio Frequency Identification Devices，RFID）、条码设备、PLC、传感器、IPC、PC 等，可覆盖整个车间制造现场，进行海量现场数据的实时精准采集。

3）形成扩展性良好的工厂生产管理系统数据采集基础平台。

4）依托 RFID、条码与移动计算技术，形成从原材料供应、生产到销售物流的闭环数据信息系统。

5）产品可追根溯源。

6）监控在制品（Work in Progress，WIP）状况。

7）准时制生产（just-in-time）库存管理与看板管理。

8）实时精准的性能品质分析，所用的方法为统计过程控制（Statistical Process Control，SPC）方法。

9）开发平台为 Microsoft.NET，数据库为 Oracle、SQL Sever，安装简便，升级容易。

10）用户自定义工厂信息门户（portal），可通过 Web 浏览器实时了解生产现场信息。

11）MES 技术队伍工作能力强，工作方式多样灵活，有助于降低项目风险。

2. MES 达成目标

MES 一般可达成以下目标。

1）远程掌控生产现场状况工艺参数。

2）可溯源分析制造品质问题。

3）可对物料损耗进行跟踪管理。

4）可对生产排程进行管理，有助于合理安排订单。

5）可对客户订单进行跟踪管理，保证按期出货。

6）遇到生产异常可及时报警。

7）自动提示保养和进行设备维护管理。

8）可进行设备综合效率（Overall Equipment Effectiveness，OEE）指标分析进而提升设备效率。

9）可进行自动数据采集。

10）可自动生成无纸化报表。

11）科学跟踪考察生产过程。

12）快速完成成本核算与订单报价决策。

13）精细化成本管理与预算分析。

2.4.5　MES 的主要功能模块

MES 的主要功能模块如下。

1）生产监控。

2）数据采集。

3）工艺管理。

4）品质管理。

5）报表管理。

6）生产排程。

7）基础资料。

8）OEE 指标分析。

9）薪资管理。

10）数据共享。

单元 2.5 赛博物理系统 CPS

情景导入 →

在全球范围内，赛博物理系统（Cyber-Physical Systems，CPS）是智能制造领域一个无法回避的概念。中国企业在转型升级浪潮中，将一些复杂的高附加值的产品 CPS 化（如远程监测系统、设备健康维护管理系统等）是一个可行的方向。而对于制造业来说，需要根据行业的装备水平、传感水平、投入产出来确定哪些生产资源可以进行 CPS 化，然后分步实现生产过程的智能化转型升级。例如，我国正针对航空行业的特点，开发研制一系列软件工具及单元级 CPS 装置。

2.5.1 CPS 的起源与发展 ≫

美国国家航空航天局在 1992 年率先提出了 CPS。2006 年，美国国家自然科学基金会的海伦·吉尔把 CPS 定义为：CPS 是在物理、生物和工程系统中，其操作是相互协调的、互相监控的，由计算核心控制着每一个联网的组件，计算被深深嵌入的每一个物理成分，甚至可能进入材料，这个计算的核心是一个嵌入式系统，通常需要实时响应，并且一般是分布的。CPS 示意如图 2-5 所示。

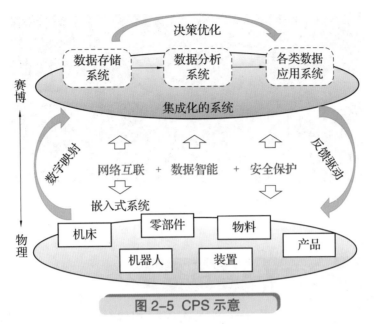

图 2-5 CPS 示意

要深入理解 CPS，必须对其关键词——Cyber 的演化进程有所了解。

1898 年，尼古拉·特斯拉向公众演示了无线电遥控船只，他将其称为"远程自动化"，"当无线被完美应用时，我们的地球将会变成一个大脑，事实上就是通过仪器我们能实现一些惊人的事情就如同现在我们使用电话一样，比如一个人可以将任何东西放在他的口袋里。"

1948 年，诺伯特·维纳在《控制论——关于在动物和机器中控制和通讯的科学》一书中援引了希腊单词"Kubernetes"，其原意是"万能的神"。因为希腊是航海大国，不可预测的海上风浪经常会引起翻船事故，为保佑船只和船员的安全，古希腊人引用"万能的神"这个词作为舵手，在此基础上创造了"Cybernetics"一词，意思为控制。

1961 年，查尔斯·德雷珀研制的"阿波罗制导计算机"是世界第一个嵌入式系统。

1967 年，美国国防部预研局在连接几台大型计算机开发通信协议时提出了"赛博空间"（cyperspace）的概念，它是国际互联网的前身。

1988 年，马克·威瑟提出"无处不在的计算"概念。

1999 年，艾什顿·凯文提出了"物联网"概念。

20 世纪 90 年代后的很长一段时间，Cyber 又被称为 3C（即控制、通信、计算）。现在，Cyber 常作为前缀，代表与 Internet 或计算机相关的事物，即采用电子或计算机进行的控制。

现在我们对 Cyber 的认识必须升级，目前 Cyber 包含控制、通信、协同、创新、虚拟五层含义，且这些概念的背后都隐含着计算。

CPS 因为控制而兴起，由于计算而发展壮大，借助互联网而普及应用。现如今，"中国智能制造"、德国工业 4.0、美国工业互联网都是基于 CPS 这样一个共同的技术体系而发展起来的。CPS 的发展历程如图 2-6 所示。

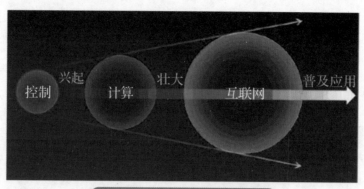

图 2-6　CPS 的发展历程

2.5.2　CPS 与各系统的关系

CPS 并非新概念，其传统代表——嵌入式控制和执行系统，已广泛应用于航空航天、汽车、机械装备等离散制造业和能源、化工等流程工业。多年来，CPS 并不强调与新兴信息系统的对接，而更多强调嵌入式计算、控制单元与执行机构相衔接形成的自动化控制和执行系统。在工业 4.0 和智能制造时代，CPS 开始强调实时监控、状态感知和自主决策的智能化特征。基于先进 IT 技术的数字化制造系统开始和传统 CPS 系统融合，并利用高性能工业网络、传感器网络等基础技术形成信息化系统、计算单元、控制执行单元和物理实体的协同，帮助 CPS 系统变得更加智能。

CPS 是多学科的融合，涉及跨学科的理论，将控制论的基本原理、机电一体化设计、设计与流程科学融合在一起，强调与外界的互联，包括通过互联网进行信息的采集和传递。由于 CPS 包含控制的思想，其算法有别于传统的控制算法，更高级的人工智能算法应用也在其中。CPS 与其他各系统的关系如下。

1.　与嵌入式系统的关系

在嵌入式系统中，重点往往是更多的计算单元，在计算单元和物理单元之间的强交互更少。不同于传统的嵌入式系统，一个完整的 CPS 通常设计为一个相互作用的元素的物理输入和输出，而不是作为独立的网络设备。并且，随着科学和工程的不断推进，采用智能机制将明显提高计算单元和物理单元的联系，大大提高 CPS 的适应性、自主性、效率、可靠性、安全性、功能性和可用性。

2.　与物联网的关系

流行的观点认为，CPS 包含物联网。实际上，二者是从不同的角度来描述物理世界和虚拟世界的融合系统，物联网是其外在表现形式，CPS 是其技术内涵。CPS 强调循环反馈，要求系统能够在感知物理世界之后通过通信与计算再对物理世界起到反馈控制作用，二者为一体两面；而从计算性能的角度来说，物联网可以看作 CPS 的一种简约应用。

3. 与工业互联网的关系

从本质内容来看，CPS 等同于工业互联网。CPS 与工业互联网的本质都是基于传感器、处理器、执行器、信息网络、云计算、大数据将现实的物理世界映射为虚拟的数字模型，通过基于高级算法的大数据分析，将最优的决策数据反馈给物理世界，优化物理世界运转效率，提升安全水平。从应用领域来看，CPS 涵盖工业互联网。工业互联网强调的是对工业生产系统的感知、互联和计算，实现对生产过程和产品服务的优化。CPS 除包含工业生产系统外，还包含对交通、医疗、农业、能源等生产生活领域的应用。从技术侧重来看，CPS 与工业互联网略有差异。虽然 CPS 与工业互联网在本质内容和组织要素上是一致的，但从美国国家标准与技术研究院的相关文件中可以看到，CPS 特别强调对嵌入式计算、分布式控制系统的应用，工业互联网强调对互联网、云计算平台和大数据技术的应用。因此，在技术侧重方面，CPS 与工业互联网略有差异。

2.5.3　CPS 的应用

1. CPS 应用的重点领域

飞机，特别是无人机，是 CPS 应用的重点领域之一。

无人飞机具有非常完整、强大的基于计算机的控制系统，是一个具有高度智能的产品。飞机上安装了大量计算机之后，每台计算机各司其职，随时处理大量的外部信息和内部信息。

飞机可以对外部信息（如机场塔台指挥、航线、气象条件、高度、空速、到达目的地时间）等，内部信息（包括飞机质量质心变化、机翼机身温度和积冰、发动机燃油消耗、温度巡检报警等）进行实时监测。这些都是状态感知，当把数以千计的状态数据采集送到计算机后，可以按照设置的算法进行实时综合分析计算，给出最优的飞行数据（这是机器自主决策），并通过 CPS 反馈给飞机的各个飞控设备（这是机器精准执行），控制飞机的空中姿态，使其始终处于最好状态。与此同时，综合后的信息发送给地面的飞行控制人员，在飞行控制人员面前的液晶显示器上展现。特殊情况或紧急情况直接由飞行控制人员直接介入，由人工直接决策。

这样，以前无人机飞行全部由地面飞行控制人员完成，现在已经基本上由计算机完成，而且这个过程不断演变，人的工作越来越少，越来越轻松。在飞机上强大的计算机的支持下，飞机达到高度智能的状态，计算机可以瞬间完成飞行员无法在短时间内完成的计算工作，让飞机更加安全可靠。

2. CPS 制造业应用的三层架构

从产业角度来看，CPS 涵盖小到智能家庭网络，大到智能交通系统、工业控制系统等应用。并且，这种涵盖并不仅仅是将现有设备简单进行连接，而是要催生出众多具有计算、通信、控制、协同和自治性能的设备。总体而言，CPS 的应用可以分为三个层次。

（1）第一层应用于设备，为单元级

单元级是具有不可分割性的信息物理系统最小单元，可以是一个部件或一个产品，通过"一硬"和"一软"（如嵌入式软件）即可构成"感知—分析—决策—执行"的数据闭环，具备了可感知、可计算、可交互、可延展、自决策的功能。

每个最小单元都是一个可被识别、定位、访问、联网的信息载体，通过在信息空间中对物理实体的身份信息、几何形状、功能信息、运行状态等进行描述和建模，在虚拟空间中也可以映射形成一个最小的数字化单元，并伴随物理实体单元的加工、组装、集成不断叠加、扩展、升级，这一过程也是最小单元在虚拟和实体两个空间不断向系统级和系统之系统级同步演进的过程。

（2）第二层应用于智能生产线或智能车间，为系统级

系统级是"一硬，一软，一网"的有机组合。单元级通过工业网络实现更大范围、更宽领域的数据自动流动，即可构成智能生产线、智能车间、智能工厂，实现了多个单元级 CPS 的互联、互通和互操作，进一步提高制造资源优化配置的广度、深度和精度。通过对人、机、物、料、环等生产要素进行生产调度、设备管理、物料配送、计划排产和质量监控而构成的智能车间也是系统级 CPS。

（3）第三层应用于研制体系，为系统之系统级

系统之系统级是多个系统级 CPS 的有机组合，涵盖了"一硬、一软、一网、一平台"四大要素。这一层级的 CPS 通过大数据平台，实现了跨系统、跨平台的互联、互通和互操作，促成了多源异构数据的集成、交换和共享的闭环自动流动，在全局范围内实现信息全面感知、深度分析、科学决策和精准执行。

Cyber 实质上是一种实现控制的特殊结构，是借由信息来控制物质能量和信息，如图 2-7 所示。虚实精确映射，就是指虚拟世界（或称赛博世界）和物理世界相互精确映射。赛博空间控制物理空间，只要具备了这些要点，就构成了一个最简单的 CPS 最小单元。

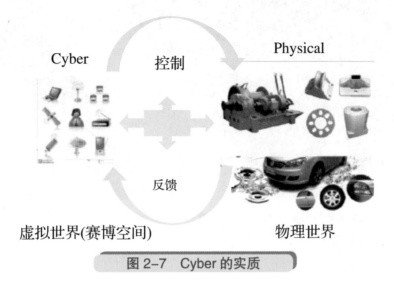

图 2-7　Cyber 的实质

　　CPS 的内容博大精深，大到包括整个工业体系，小到一个简单的 PLC 控制器，这些是一切智能系统的核心。理解 CPS 才能理解智能制造。因此，在推进智能制造的过程中，一定要重视 CPS 的核心作用。

　　根据人工智能的进展，虽然技术非常重要，但是人的作用是整个智能制造中最为重要的因素，只有把人整体融入 CPS 并和 CPS 有机结合，才能提升我国制造业的整体发展水平。

模块 3
智能制造技术

　　智能制造技术利用计算机模拟制造业领域的专家的分析、判断、推理、构思和决策等智能活动，并将这些智能活动和智能机器融合起来，贯穿应用于整个制造企业的子系统（经营决策、采购、产品设计、生产计划、制造装配、质量保证和市场销售等），以实现整个制造企业经营运作的高度柔性化和高度集成化，从而取代或延伸制造环境领域的专家的部分脑力劳动，并对制造业领域专家的智能信息进行收集、存储、完善、共享、继承和发展，是一种极大提高生产效率的先进制造技术。

单元 3.1　现代传感技术

情景导入 →

　　近年来，我国在航天领域取得了骄人的成绩，北斗导航组网成功、"嫦娥五号"将月球土壤带回地球、"天问一号"顺利在火星着陆、"天舟二号"货运飞船与空间站核心舱精准对接等，这些任务的成功都离不开科技工作者的无私奉献和我国航天技术的巨大进步。其中，传感器技术是关键技术之一，该技术在火箭和航空器运行状态的实时监控中应用最广。

传感技术又称传感器技术，是研究传感器的材料、设计、工艺、性能和应用等的综合技术。它涉及传感器的信息处理和识别及其设计、开发、制造、测试、应用及评价改进等活动。传感技术作为信息获取技术，是现代信息技术的三大支柱之一，以传感器为核心逐渐外延与测量学、电子学、光学、机械、材料学、计算机科学等多门学科密切相关，是由多种技术相互渗透、相互结合而形成的新技术密集型工程技术。随着现代科学技术的进步，现代传感技术与现代信息技术的另外两个支柱部分——信息传输技术、信息处理技术正逐渐融为一体，其内涵已发生深刻变化。

3.1.1　传感器的概念

传感器是自动化检测技术和智能控制系统的重要部件，位于待测对象之中，在检测设备或控制系统的前端，为系统提供准确可靠的原始信息。在以计算机为控制核心的智能系统中，计算机相当于人的大脑，执行机构相当于人的肌体，传感器就像人的鼻子、耳朵、眼睛等感觉器官。智能系统能够通过传感器"感知"外界信号，并将这些信号输送给计算机分析处理，再控制执行机构做出相应的"动作"。因此，传感器是实现自动化检测和智能控制的重要器件。

传感器能直接感受到被测量的信息，并能将这些信息按一定规律变换成电信号或其他所需形式的信号输出，以满足信息的传输、处理、存储、显示、记录和控制等要求。传感器一般由敏感元件、转换元件、变换电路三部分组成，如图 3-1 所示。

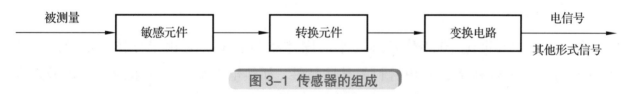

图 3-1　传感器的组成

其中，敏感元件用于直接感受被测量（大多为非电学量），并输出与被测量有确定关系的物理量信号；转换元件将敏感元件输出的物理量信号转换为电量参数信号，转换元件决定了传感器的工作原理；变换电路把转换元件输出的电量参数信号转换为电信号。对于无源传感器，因其本身不是换能器，被测非电学量仅对传感器中的能量起控制或调节作用，所以它还必须具有辅助能源，即电源。

图 3-1 所示的传感器组成形式具有普遍性，但并非所有的传感器结构都是如此。对于一些直接变换的传感器，其敏感元件和转换元件是合为一体的，如热敏电阻可以直接感知温度并将其转换成相应的电阻阻值，通过变换电路就可以直接输出相应的电压信号。

3.1.2 传感器的分类

对应不同的被测量，有着不同的传感器。传感器的检测对象有力学量、热学量、流体学量、光学量、电学量、磁学量、声学量、化学量、生物量等。按照我国传感器分类体系表，传感器分为物理量传感器、化学量传感器及生物量传感器三大类，十一个小类，每小类又分为若干子类。

1）物理量传感器：力学量传感器、热学量传感器、光学量传感器、磁学量传感器、电学量传感器、声学量传感器。

2）化学量传感器：气体传感器、湿度传感器、离子传感器。

3）生物量传感器：生化量传感器、生理量传感器。

以上是按照检测对象分类，常用的分类方法还有以下几种。

1）按输出信号性质分类，传感器可分为模拟式传感器、数字式传感器。

2）按结构分类，传感器可分为结构型传感器、物性型传感器、复合型传感器。

3）按功能分类，传感器可分为单功能传感器、多功能传感器、智能化传感器。

4）按转换原理分类，传感器可分为机电传感器、光电传感器、热电传感器、磁电传感器、电化学传感器。

5）按能量传递方式分类，传感器可分为有源传感器、无源传感器。

传感器发展至今大体可分为三代。

第一代是结构型传感器。它利用结构参量，如电阻、电容、电感等参量的变化来感受和转化信号。

第二代是 20 世纪 70 年代发展起来的固体型传感器。它由半导体、电介质、磁性材料等固体元件构成，利用材料的某些特性，如热电效应、霍尔效应、光敏效应等制成。

第三代传感器则是近年发展起来的智能化传感器。将传感器与微控制器结合起来，可以实现一定的人工智能。

3.1.3 典型的传感技术

下面简要介绍典型的传感技术。

1. 电阻式传感技术

导体或半导体的电阻值是随其机械变形而变化的，金属材料的电阻值随应力产生的机械变形发生变化，这种现象称为金属应变效应；半导体材料的电阻率随应力产生的机械变形发生变化，这种现象称为半导体压阻效应。

根据这些效应将金属应变片或半导体应变片粘贴于被测对象上，被测对象受到外界作用产生的应变就会传送到应变片上，使应变片的电阻值或电阻率发生变化。通过测量应变片电阻值的变化，就可得知被测机械量的大小。

典型的电阻式传感器有电阻应变式传感器和固态压阻式传感器，前者主要应用在应力测量、力测量、扭矩测量等方面，后者主要应用在压力测量、压力差加速度测量等方面。

2. 电容式传感技术

电容是电子技术的三大类无源元件（电阻、电感和电容）之一。利用电容的原理，将非电学量转换成电容量，实现非电学量到电学量转化的器件或装置，称为电容式传感器，它实质上是一个具有可变参数的电容器。

由于材料、工艺、测量电路及半导体集成技术等方面已达到相当高的水平，因此寄生电容的影响问题得到了较好的解决，电容式传感器的优点得以充分发挥。电容式传感器的优点是测量范围大、灵敏度高、结构简单、适应性强、动态响应时间短、易实现非接触测量等，可以广泛地应用在压力、压差、振幅、位移、厚度、加速度、液位、物位、湿度和成分等测量之中。

3. 电感式传感技术

利用电磁感应原理将被测非电学量如位移、压力、流量、振幅等转换成线圈自感量或互感量，再由测量电路转换为电压或电流输出，这种装置称为电感式传感器。

电感式传感器具有结构简单、工作可靠、测量精度高、零点稳定、输出功率较大等优点。其主要缺点是灵敏度、线性度和测量范围受制约，传感器自身频率响应低，不适用于动态测量。这种传感器能实现信息的远距离传输、记录、显示和控制，在工业自控系统中被广泛采用。

电感式传感器种类很多，典型的有自感式、互感式、电涡流式三种。自感式或互感式传感器主要应用在压力测量、压差测量、加速度测量、微压力测量等方面，电涡流式传感器则应用在厚度测量、表面探伤、安检、转速测量、转机在线监测等方面。

4. 压变式传感技术

以压电效应为基础，在外力作用下，在电介质的表面产生电荷，从而实现非电学量测量的，称为压电式传感器，这是典型的有源传感器。压电式传感器主要应用在压力测量、振动测量、加速度测量、切削力控制、玻璃破碎报警等方面。

以压磁效应为基础，把作用力的变化转换成磁导率的变化，并引起绕于其上的线圈的阻抗或电动势的变化，从而感应出电信号的，称为压磁式传感器，这是典型的无源传感器。压磁式传感器主要应用在力测量、力矩测量、板材压辊装置等方面。

5. 磁电式传感技术

磁电式传感器是可以将各种磁场及其变化的量转变成电信号输出的装置。自然界和人类社会生活的许多地方存在磁场或与磁场相关的信息。人工设置的永久磁体产生的磁场，可作为许多种信息的载体。因此，探测、采集、存储、转换、复现和监控各种磁场和磁场中承载的各种信息的任务，自然就落在磁电式传感器身上。

磁电式传感器是将磁信号转换成电信号或电学量的装置。利用磁场作为媒介可以检测很多物理量，如位移、振幅、力、转速、加速度、流量、电流、电功率等。磁电式传感器不仅可实现非接触测量，而且不从磁场中获取能量。

常用的磁电式传感器有磁电感应式传感器、磁栅式传感器、霍尔式传感器及各种磁敏元件等。磁电感应式传感器主要应用在转速测量、振动测量、转矩测量、流量测量等方面，霍尔元件及其传感器主要应用在微位移测量、计数装置、转速测量、防盗报警、接近开关等方面。

6. 热电式传感技术

热电效应是指受热物体中的电子，随着温度梯度由高温区向低温区移动，会产生电流或电荷堆积现象。这种现象运用在金属导体中，为热电偶传感器；运用在半导体中，为热释电传感器。

热电偶传感器、热释电传感器是热电式传感器的代表，在工业生产和民用设备中得到了广泛应用。热电偶传感器主要应用于点温度测量、温差测量、平均温度测量等，热释电传感器主要在红外探测相关应用场合中使用。

7. 热阻式传感技术

导体或半导体的电阻值随其温度变化而变化，这种物理现象通常称为热阻效应。金属材料的电阻值随温度的变化而变化，这种现象称为金属热阻效应。半导体材料的电阻率随温度的变化而变化，这种现象称为半导体热敏效应。根据这些效应，将金属热电阻或半导体热敏电阻放置于被测对象上，被测对象受到温度作用产生的变化就会使热电阻的电阻值或热敏电阻的电阻率发生变化，通过测量电阻值的变化就可得知被测温度的大小。

热电阻式传感器、热敏电阻式传感器主要应用在温度测量、温度补偿、过热保护、温度控制、液位报警等方面。

8. 光电式传感技术

光电式传感器是采用光电器件作为检测元件的传感器。光电器件是将光能转换为电能的一种传感器件，它是构成光电式传感器主要的部件。光电器件响应速度快、结构简单、使用方便，而且具有较高的可靠性，因此在自动检测、计算机和控制系统中应用非常广泛。

光电式传感器一般由光源、光学通路和光电器件三部分组成，它首先把被测量的变化转换成光信号的变化，然后借助光电器件进一步将光信号转换成电信号。被测量的变化引起的光信号的变化可以是光源的变化，也可以是光学通路的变化，或者是光电器件的变化。

光电检测方法具有精度高、反应快、非接触等优点，而且可测参数多。光电式传感器的结构简单，形式灵活多样，包括光电传感器、光纤传感器、红外传感器、激光传感器、图像传感器等，在非接触的检测和控制领域占据绝对统治地位。光电传感器主要应用在带材检测、烟尘测量、物位高度检测、火灾探测等方面，光纤传感器主要应用在压力测量、加速度测量、温度测量等方面，红外传感器主要应用在气体分析、无损探伤、温度测量、红外热成像仪等方面，激光传感器主要应用在长度检测、车速测量、短量程测距等方面，图像传感器则主要应用在数码照相机、数字摄像机、尺寸检测、视觉测量等方面。

9. 半导体传感技术

半导体传感器是利用半导体性质易受外界条件影响这一特性制成的传感器。

根据检测对象，半导体传感器可分为物理传感器（检测对象为光、温度、磁场、压力、湿度、颜色等）、化学传感器（检测对象为气体分子、离子、有机分子等）、生物传感器（检测对象为生物化学物质）。典型的半导体传感器中，气敏传感器主要应用在酒精测试、可燃气体探测、空气净化、火灾报警、氧含量分析等方面，湿敏传感器主要应用在湿度测量、自动去湿等方面，色敏传感器主要应用在颜色识别等方面。

10. 波式传感技术

超声波传感器是利用超声波的特性研制而成的传感器，微波传感器是利用微波的特性来检测一些物理量的器件。它们都是利用波的某些特性，如传播、衰减特点，折射、反射现象，多普勒效应等工作的。

超声波传感器主要应用在物位测量、流量测量、厚度测量、材料探伤等方面，微波传感器主要应用在温度测量、湿度测量、厚度测量等方面。

11. 数字传感技术

前面所述的传感器均属于模拟式传感器，这类传感器将应变、压力、位移、温度、加速度等被测参数转变为电模拟量（如电流、电压）后显示出来。因此，若要用数字显示，就要经过（Analog-to-Digital，A/D）转换，这不但增加了投资成本，而且增加了系统的复杂性，降低了系统的可靠性和精确度。

数字式传感器则有精确度和分辨率高，抗干扰能力强，便于远距离传输，信号易于处理和存储，稳定性好，可以减少读数误差，易于与计算机接口相连接等优点。

常用的数字式传感器有编码器、光栅传感器、磁栅传感器、容栅传感器等，它们主要在直线位移和角位移测量中应用。

12. 智能传感技术

将传感器与微处理器相结合，产生了具有人工智能的智能传感器，其基本结构如图3-2所示。

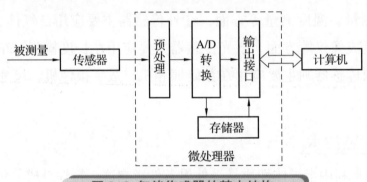

图 3-2 智能传感器的基本结构

由于微处理器具有运算、控制、存储的功能，智能传感器可以在上电时进行自诊断，找出发生故障的器件；可以通过反馈回路对传感器的非线性、温度漂移、时间漂移等实现实时反馈，进行自动补偿；可以利用微处理器自带的 A/D 转换模块将模拟信号转换为数字信号；可以利用微处理器中植入的软件实现传感数据的分析、预处理和存储；还可以配合无线接口或以太网接口，完成智能传感器与远程控制中心在传感器网络中的双向通信，不仅能够实现远程控制传感器，远程接收传感数据，还能够进行在线校准等。

因此，智能传感器不仅能在物理层面上检测信号，还能在逻辑层面上对信号进行分析、处理、存储和通信，相当于具备了人类的分析、思考、记忆和交流的能力，即具备了人类的智能。

实现传感器智能化，让传感器具备记忆、分析和思考能力有三条途径：一是利用计算机合成方式，称为智能计算型；二是利用具有特殊功能的材料，称为智能材料型；三是利用功能化几何结构，称为智能结构型。

随着智能传感技术的发展，测量问题会变得更为复杂，从检测技术角度来说，原有简单的检测和测量方式必定要被新的方法取代。而新的方法主要是在微处理器、计算机的硬件或软件基础上，充分利用适当的数学工具、人工智能、参数或状态的估计、识别技术而发展起来的，用来有针对性地解决一些原来难以解决的问题。检测领域的新技术主要包括软测量技术、虚拟仪器技术、模糊传感器技术、多传感器数据融合技术、网络传感器技术等。这些检测领域的新技术均在试图解决传统测量方式难以解决的、复杂的测量问题，因此它们既相互关联，又各有侧重。

3.1.4　现代传感技术的发展趋势

随着大规模集成电路技术、微型计算机技术、信息处理技术及材料科学等现代科学技术的高速发展，综合各种先进技术的传感技术进入了一个前所未有的发展阶段。其发展趋势如下。

1. 寻找新原理，开发新材料，研究新型传感器

随着传感器技术的发展，除早期使用的材料，如半导体材料、陶瓷材料外，光纤、纳米材料、超导材料等相继问世。随着研究的不断深入，人们将进一步探索具有新效应的敏感功能材料，通过微电子、光电子、生物化学及信息处理等各种学科及各种新技术的互相渗透和综合利用，研制开发具有新原理、新功能的新型传感器。

2. 向高精度发展

随着自动化生产程度的不断提高，对传感器的要求也在不断提高。因此，必须研制出灵敏度高、精确度高、响应速度快、互换性好的新型传感器，以确保生产自动化的可靠性。

3. 向高可靠性、宽温度范围发展

传感器的可靠性直接影响测量设备的性能，研制高可靠性、宽温度范围的传感器将是传感器领域永久性的方向。

4. 向集成化、多功能化发展

集成化技术包括传感器与集成电路的集成制造技术及多参量传感器的集成制造技术，它缩小了传感器的体积，提高了其抗干扰能力。在通常情况下，一个传感器只能用来探测一种物理量，但在许多应用领域中，为了能够完整而准确地反映客观事物和环境，往

往需要同时测量大量的物理量。由若干种敏感元件组成的多功能传感器是一种体积小而多种功能兼备的新一代探测系统，它可以借助敏感元件中不同的物理结构或化学物质及其各不相同的表征方式，用一个传感器系统同时实现多种传感器的功能。

5. 向微型化发展

各种测量控制仪器设备的功能越来越多，要求各个部件体积越小越好，因而传感器本身的体积也是越小越好。微米、纳米技术的问世，以及微机械加工技术的发展，包括光刻、腐蚀、淀积、侵蚀和封装等工艺，为微型传感器的研制创造了条件。现已制造出体积小、质量小（体积、质量仅为传统传感器的几十分之一甚至几百分之一）、精度高、成本低的集成化敏感元件。

6. 向微功耗及无源化发展

传感器一般是将非电学量向电学量转化，工作时离不开电源，在野外现场或远离电网的地方，往往是用电池供电或用太阳能供电。开发微功耗的传感器及无源传感器是必然的发展方向，这样既可以节省能源又可以延长系统寿命。

7. 向数字化和智能化方向发展

数字技术是信息技术的基础，数字化又是智能化的前提，智能传感器离不开传感器的数字化。智能传感器由多个模块组成，其中包括微传感器、微处理器、微执行器和接口电路，它们构成一个闭环系统，有数字接口与更高一级的计算机控制相连，利用专家系统等智能算法为传感器提供更好的校正与补偿。如果通过集成技术进一步将上述多个相关模块全部制作在一个芯片上形成单片集成块，就可以形成更高级的智能传感器，功能更多，精度和可靠性更高，应用更广泛。

8. 向网络化发展

大量传感器利用多种组网技术、多传感器数据融合技术、物联网技术等构成分布式智能化信息处理系统，以协同的方式工作，能够从多种视角、以多种感知模式对事件、现象和环境进行观察和分析，从而获得丰富的、高分辨率的信息，极大地增强了传感器的探测能力，这是近几年来的新的发展方向，其应用已由军事领域扩展到反恐、防爆、环境监测、医疗保健、家居商业、工业等众多领域，有着广泛的应用前景。

单元 3.2　物联网技术

情景导入 →

　　随着信息技术的发展，智能家居产品已经走进了千家万户。家中无人时，可利用手机远程操作智能空调，调节室温，甚至可以根据用户的使用习惯，实现全自动的温控操作；可以通过客户端实现智能灯泡的开关，调控灯泡的亮度和颜色等；智能体重秤，内置可以监测血压、脂肪量的先进传感器，可以监测运动效果，其内定程序可以根据用户的身体状态提出健康建议；智能牙刷与客户端相连，提供刷牙时间、刷牙位置提醒，可根据刷牙的数据生成图表，供用户了解口腔健康状况；智能摄像头、窗户传感器、智能门铃、烟雾探测器、智能报警器等都是家庭中必不可少的安全监控设备，用户出门在外，也可以查看家中任何一角的实时状况，消除安全隐患。2021 年 6 月，华为鸿蒙系统（Harmony OS）问世，而华为的终极目标是实现万物互联。

3.2.1　物联网概述

　　物联网是通过 RFID 读写器、红外感应器、全球定位系统（Global Positioning System，GPS）、激光扫描器、气体感应器等信息传感设备，按约定的协议将任何物品与互联网连接起来，进行信息交换和通信，以实现智能化识别、定位、跟踪、监控和管理的一种网络。简言之，物联网就是物物相连的互联网。物联网的核心和基础仍然是互联网，它是在互联网的基础上延伸和扩展的网络，其用户端延伸和扩展到了任何物品与物品之间。

1. 物联网的特征

　　物联网具备全面感知、可靠传递、智能处理三个特征。全面感知是指利用 RFID、传感器、定位器、二维码标签和识读器等随时随地获取物体的信息。可靠传递是指通过无线通信网络与互联网的融合，将获取的物体信息实时、准确地传递出去。智能处理是指利用云计算、数据处理、数据管理等智能计算技术对接收的实时海量数据进行分析和处理，实现智能化决策和控制。

2. 物联网的架构

物联网作为一个系统网络，由感知层、网络层、应用层三部分组成，如图 3-3 所示。

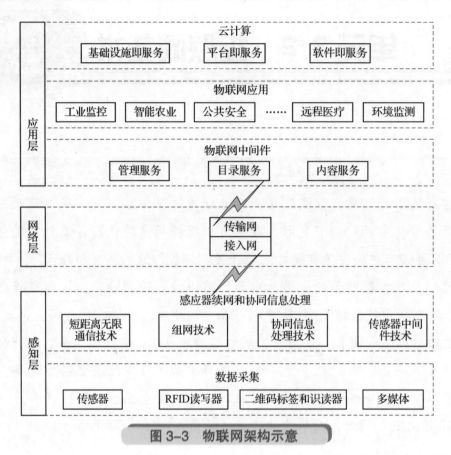

图 3-3　物联网架构示意

1. 感知层

感知层位于最底层，是信息采集的关键部分。感知层由基本的感应器，如 RFID 读写器、二维码标签和识读器、传感器等，以及感应器所组成的网络，如 RFID 网络、传感器网络等部分组成。感知层相当于人的皮肤和五官，用于识别物体和采集信息。感知层所需要的关键技术包括短距离无线通信技术、组网技术、协同信息处理技术、传感器中间件技术等，涉及的核心产品包括传感器、电子标签、传感器节点、无线路由器、无线网关等。

2. 网络层

网络层位于中间层，相当于人的神经中枢系统，负责将感知层获取的信息安全可靠地传输到应用层。网络层包含接入网和传输网，分别实现接入功能和传输功能。传输网由公网和专网组成，典型的传输网包括电信网（固网、移动通信网）、广电网、互联网、电力通信网、专用网（数字集群）；接入网有光纤接入、无线接入、以太网接入、卫星接入等多种接入方式，用于实现底层传感器网络、RFID 网络"最后一公里"的接入。网络层基本综合了已有的全部网络形式来构建更为广泛的互联网络。每种网络都有自己的特点和应用场景，互相组合才能发挥出最大的作用，因此在实际应用中，信息往往经任意一种网络或几种网络的组合形式进行传输。

3. 应用层

应用层位于最上层，用于对得到的信息进行智能运算和智能处理，实现智能化识别、定位、跟踪、监控和管理等实际应用，其功能为处理，即通过云计算平台进行信息处理。应用层与感知层是物联网的显著特征和核心所在，应用层可以对感知层采集的数据进行计算、处理和知识挖掘，实现对物理世界的实时控制、精确管理和科学决策。应用层的核心功能围绕两方面：一是数据，即应用层需要完成数据的管理和处理；二是应用，即将这些数据与各行业应用相结合。

从结构上划分，物联网应用层包括以下三个部分。

1）物联网中间件，一种独立的系统软件或服务程序。中间件将各种可以共用的能力进行统一封装提供给物联网应用使用。

2）物联网应用，用户直接使用的各种应用，如智能操控、安防、电力抄表、智能农业、远程医疗等。

3）云计算，助力物联网海量数据的存储和分析。依据云计算的服务类型可以将其分为基础设施即服务（Infrastructure as a Service，IaaS）、平台即服务（Platform as a Service，PaaS）、软件即服务（Software as a Service，SaaS）。

3. 物联网系统的基本组成

物联网系统的组成可以分为硬件系统与软件系统。从不同的角度来看，物联网有很多类型，不同类型的物联网其软硬件平台组成会有所不同。

物联网是以数据为中心的面向应用的网络，主要完成信息感知、数据处理、数据回传、决策支持等功能，其硬件平台可以由传感网、核心承载网和信息服务系统等几个大部分组成，如图3-4所示。其中，传感网包括感知节点（数据采集和控制）、末梢网络（汇聚节点、接入网关等）；核心承载网为物联网业务的基础通信网络；信息服务系统硬件设施主要负责信息的处理和决策支持。

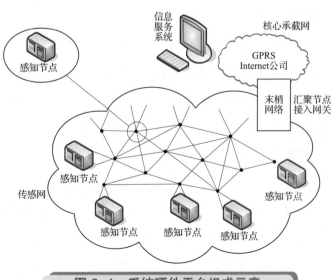

图 3-4　系统硬件平台组成示意

3.2.2 制造物联网概述

大部分学者认同的制造物联网概念如下：将网络、嵌入式、RFID、传感器等电子信息技术与制造技术相融合，实现对产品制造与服务过程及全生命周期中制造资源与信息资源的动态感知、智能处理与优化控制的一种新型制造模式。智能制造领导力联盟从工程角度出发，认为制造物联网是高级智能系统的深入应用，即从原材料采购到成品市场交易等各个环节的广泛应用，为跨企业（公司）和整个供应链的产品、运作和业务系统创建一个知识丰富的环境，以实现新产品的快速制造、产品需求的动态响应及生产制造和供应链网络的实时优化。

制造物联网系统是基于制造业的生产物联网系统解决方案，通过向制造工厂提供专业化、标准化和高水准的系统平台及解决方案，将企业信息化延伸至生产车间，直达最底层的生产设备，从而构建起数字化透明工厂，使生产制造不再盲目进行。制造物联网系统的实时监控和预报警机制弥补了企业管理资源的不足，其详尽的原始数据经提炼应用可以帮助制造企业快速、大幅度地降低制造成本，持续地提高管理水平、经营绩效和综合竞争力，实现传统制造业的转型升级。

制造业企业普遍认同制造物联网的重要性，但尚未形成清晰的物联网战略。与物联网在消费领域近乎从零开始的情况不同，传感器、PLC 等物联网技术在工业领域已经存在了几十年。目前，制造企业物联网的应用主要集中在感知，即通过硬件、软件和设备的部署收集并传输数据，这只是较浅层次的物联网应用。更深层次的制造物联网应用需要企业改变利用数据的方法——从"后知后觉"到"先见之明"，企业需要思考如何利用从各种传感器采集到的数据解释历史业绩的规律和根本原因，以及利用数据驱动后台、中间和前台业务流程，未来何种产品和服务可能带来新的收入，何种物联网应用可能开拓新的市场。

未来企业制造物联网应用的重点由设备和资产转向产品和客户。制造业企业借助物联网实现业务成长的主要途径包括新的产品、服务和更紧密的客户关系。为了开发更具吸引力的产品或提升现有客户关系，企业将需要大量产品和客户的相关信息支持。目前，制造业企业所获得的产品和客户的信息量远少于资产和设备的信息量，在效率提升和业务成长的双重诉求驱动下，未来企业制造物联网应用的关注度将由设备和资产转向产品和客户。

物联网的整体突破不仅依赖于硬件能力和商业模式创新，还依赖于算法与数据。我国制造业企业基于应用研发积累了大量的经验数据，如果将这些数据提取并模型化，形成可实用的专家算法，这些数据将变成具有良好盈利能力的"金矿"。

制造业企业中，制造物联网的应用受到来自技术、监管、组织层面的挑战，具体而言，这三项挑战分别为缺乏互通互联的标准、数据所有权和安全问题，以及相关操作人员技能不足。

制造物联网涉及的内容极其广泛，它并不是物联网在制造中的简单应用，其关键技术包括为以下部分。

1. RFID 技术

在制造物联网中，利用传感器网络采集到的大量数据，可以实现信息交流、自动控制、模型预测、系统优化和安全管理等功能。而要实现以上功能，必须有一定规模的传感器。因此，需要广泛使用 RFID 技术和传感器，以获得大量有意义的数据，为进一步的数据传输、交换分析和智能应用做好准备。

RFID 技术是一种无接触的自动识别技术，利用射频信号及其空间耦合传输特性实现对静态或移动物体的自动识别，用于对采集点的信息进行标准化标识。鉴于 RFID 技术具有可实现无接触的自动识别、全天候、识别穿透能力强及同时实现对多个物品的自动识别等诸多特点，将这一技术应用到工业控制领域，使其与互联网、通信技术相结合，实现全球范围内物品的跟踪与信息的共享，并在物联网识别信息和近程通信的层面起到至关重要的作用。

2. 实时定位技术

实时定位技术是无线通信的一个分支，根据应用场合不同可以分为室外定位技术和室内定位技术两种。

室外定位技术主要有卫星定位技术、基站定位技术两种。卫星定位技术是非常成熟的技术，如 GPS、GLONASS、Galileo、北斗等。以 GPS 为例，基站辅助的 GPS 定位，即 A-GPS 技术，通过从蜂窝网络下载当前地区的可用卫星信息（包含当地可用卫星频段、方位、仰角等），避免了全额段大范围搜索，使首次搜星速度大大提高；在无法获取 GPS 信号时，可以通过基站定位技术完成定位。

室内场景越来越庞大复杂，对于定位和导航的需求也逐渐增多，如高危化工厂需要对人员进行定位管理，防止发生安全事故；医院希望对医疗设备进行实时定位等。Wi-Fi 技术、蓝牙技术、RFID 技术、UWBC 技术、红外技术、Zigbee 技术、计算机视觉技术、超声波技术等为不同行业的室内定位需求提供了行之有效的实时定位方案。

3. 数据互操作

当合作的企业利用制造物联网这一网络系统时，需要对产品整个制造过程的数据进行无缝交换，进而进行设计、制造、维护和商业系统管理。而这些数据常常存储在不同的终端，因此需要可靠的数据互操作技术。当现实世界的物品通过识别或传感器网络输入虚拟世界时，就已经完成物品的虚拟化。然而，单纯的物品虚拟化是没有意义的，只有通过现有网络设备连接实现虚拟物品信息的传递共享，才能达到制造物联网的目的。制造物联网的数据互操作是依托互联网进行的，因此保持网络通信的顺畅、采取通用的网络传输协议、应用开源的系统平台等，可以促进平台上数据互操作的顺利进行。

4. 多尺度动态建模与仿真

多尺度建模使业务计划与实际操作完美地结合在一起，也使企业间合作和针对公司与供应链的大规模优化成为可能。多尺度动态建模与仿真和传统的产品模型相比具有许多优点，如它更接近实际产品，在前期开发过程中节省了大量的人力、物力和财力，也促进了企业间的合作，大规模提高了设计效率。动态建模的过程依赖于流畅的数据互操作，基于制造物联网平台的动态建模与仿真可以由不止一个开发者合作完成，而开发者之间的信息交互通畅程度也决定了合作开发能否顺利进行。

5. 数据挖掘与知识管理

现有数字化企业中普遍存在数据爆炸但知识贫乏的现象，而以普适感知为重要特征的制造物联网将产生大量的数据，这种现象更加突出。如何从这些海量数据中提取有价值的知识并加以运用，就成为制造物联网的关键问题之一，也是实现制造物联网的技术基础。

6. 智能自动化

制造物联网应具有较高的智能化水平和学习能力，在一般情况下结合已有知识和情景感知可以自行进行判断决策和智能控制。在面向服务和事件驱动的服务架构中，智能自动化是很重要的。这是因为对于资源的分析、服务流程的制定、生产过程的实时控制涉及大量信息，需要迅速处理，这一过程不可能由人工来完成，也很难由人工全程监控，需要依赖可靠的决策和生产管理系统，并通过系统自身的学习功能和技术人员的改进，为制造物联网平台上的各个对象提供更快、更准确的服务。因此，发展智能自动化对于平台的发展、生产过程的改进，甚至整个供应链的顺利运行都是非常必要的。智能应用是最为关键的技术，达不到智能应用层面的制造物联网是不完整的，智能自动化是高级阶段的必要选项。

7. 可伸缩的多层次信息安全系统

以现代互联网为基础，互联网的信息安全问题始终是人们关注的焦点。制造物联网系统中的信息包括大量的企业商业机密，甚至涉及国家安全，这些信息一旦泄露，后果不堪设想。由于信息量巨大和信息种类繁多，并不是所有信息都需要特别保护，因此根据信息的不同制订不同的信息安全计划是制造物联网应该解决的关键问题之一。

⑧ 物联网的复杂事件处理

物联网中传感器产生大量的数据流事件，需要进行复杂事件处理。物联网的复杂事件处理功能是将数据转化为信息的重要途径。对传感器网络采集的大量数据进行处理分析，去掉无用数据，就可以得到能反映一定问题的简单事件，通过事件处理引擎进一步将系列简单事件提炼为有意义的复杂事件，可为数据互操作、动态建模和流程制定指令操作节省数据存储空间，提高存储和传输效率。

⑨ 面向服务和事件驱动的服务架构

制造物联网中的事件和服务同时存在，面向服务与事件驱动是制造物联网的重要需求，其体系架构必须满足这样的需求。制造物联网平台作为系统的中枢，其主要任务就是收集和处理相关信息。这些信息既包括来自服务提供方的可用设备信息，又包括来自服务需求方的服务要求和流程要求，而经过处理分析提炼的每一条有效信息都将作为一个事件进入平台，这就要求智能制造体系是面向服务与事件驱动的。

单元 3.3　高档数控机床技术

情景导入 →

航空发动机叶片的曲面构型极其复杂，其需要传递相当大的转矩和极高的燃烧温度，因此，叶片材料一般选择耐高温、强度高的材料。现在普遍采用钛合金材料整体叶片加工技术加工，而高档数控机床的出现为此提供了技术支持。

机床作为当前机械加工产业的主要设备，其技术发展已经成为机械加工产业发展水平的标志。数控机床和基础制造装备是装备制造业的工作母机，机床行业的技术水平和产品质量，是衡量一个国家装备制造业发展水平的重要标志。

高档数控机床是指具有高速、精密、智能、复合、多轴联动、网络通信等功能的数字化数控机床系统。高档数控机床是科技速度发展的产物，集多种高端技术于一体，应用于复杂的曲面和自动化加工，在航空航天、船舶、机械制造、高精密仪器、军工、医疗器械产业等领域有非常重要的作用。《中国制造 2025》将数控机床和基础制造装备列为重点领域，其中提出，要加强前瞻部署和关键技术突破，积极谋划抢占未来科技和产业竞争制造点，提高国际分工层次和话语权。国际上把五轴联动数控机床等高档机床技术作为一个国家工业化的重要标志，五轴数控机床如图 3-5 所示。不同类别数控机床指标对比如表 3-1 所示。

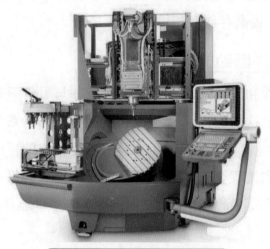

图 3-5　五轴数控机床

表 3-1　不同类别数控机床指标对比

指标	低档	中档	高档
分辨率和进给速度	10 μm、8~15 m/min	1 μm、15~20 m/min	0.1 μm、15~100 m/min
伺服控制类型	开环、步进电动机系统	半闭环直流或交流伺服系统	闭环直流或交流伺服系统
联动轴数	2 轴	3~5 轴	3~5 轴
主轴功能	不能自动变速	自动无级变速	自动无级变速、C 轴功能
通信能力	无	RS-232C 或 DNC 接口	MAP 通信接口、联网功能
显示功能	数码管显示、CRT 字符	CRT 显示字符	三维图形显示、图形编程
内装 PLC	无	有	有
主 CPU	8bit CPU	16bit 或 32bit CPU	64bit CPU

3.3.1　国内外高档数控机床的发展现状

　　美国、德国、日本是当今在数控机床科研、设计、制作和应用上，技术最先进、经验最多的国家。

　　美国政府十分重视机床工业，美国国防部等部门不断提出机床的发展方向、科研任务，供给充分的经费，且网罗世界人才，重视基础科研。哈斯自动化公司是全球最大的数控机床制造商之一，在北美洲的市场占有率约为 40%，拥有近百个型号的 CNC 立式和卧式加工中心、CNC 车床、转台和分度器。哈斯自动化公司致力于打造精确度更高、重复性更好、经久耐用，而且价格合理的工业机床产品。哈斯数控机床如图 3-6 所示。

图 3-6　哈斯数控机床

　　德国数控机床在传统设计制造技术和先进工艺的基础上，不断采用先进电子信息技术，加强科研，创新开发。德国数控机床主机配套件，机、电、液、气、光、刀具、测量、数控系统等各种功能部件，在质量、性能上居世界前列。如，代表大型龙门加工中心最高水平的就是德国瓦德里希·科堡公司的产品。德国瓦德里希·科堡公司数控机床如图 3-7 所示

图 3-7　德国瓦德里希·科堡公司数控机床

　　日本通过规划和制定法规，以及提供充足的研发经费，鼓励科研机构和企业大力发展数控机床。日本在机床部件配套方面学习德国，在数控技术和数控系统的开发研究方面学习美国，并改进和发展了两国的成果，取得了很大成效。马扎克数控机床如图 3-8 所示。

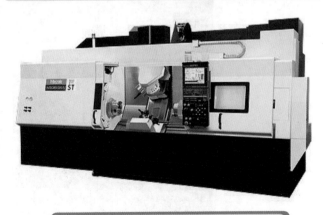

图 3-8　马扎克数控机床

　　国内产品与国外产品在结构上差别并不大，采用的新技术也相差无几，但在先进技术应用和制造工艺水平上与世界先进国家还有一定差距。新产品开发能力和制造周期仍满足不了国内用户需要，零部件制造精度和整机精度保持性、可靠性尚需提高，尤其是与大型机床配套的数控系统、功能部件，如刀库、机械手和铣头等部件，还需国外厂家配套满足。国内大型机床制造企业的制造能力很强，但大而不精，其主要原因还是加工设备落后，数控化率很低，尤其是缺乏高精度的加工设备。同时，国内企业普遍自主创新能力不足，而大型机床因单件小批量的市场需求特点，对技术创新的要求更高。

3.3.2　国内外数控系统的发展现状

　　经过多年来的研发和创新，美国、德国、日本已基本掌握数控系统的领先技术。目前，在数控技术研究应用领域形成了以发那科（FANUC）、西门子（SIEMENS）为代表的专业数控系统厂商，以及以马扎克（MAZAK）、德玛吉（DMG）为代表的自主开发数控系统的大型机床制造商两大阵营。

　　FANUC推出的Series 0i MODELF数控系统可实现与高档机型30i系列的无缝化接轨，具备满足自动化需求的工件装卸控制新功能和最新的提高运转率技术，强化了循环时间缩短功能，并支持最新的I/O Link。FANUC的Series 0i MODELF数控系统如图3-9所示。

图3-9　FANUC的Series 0i MODELF数控系统

MAZAK 提出了全新制造理念——Smooth Technology，并以基于 Smooth 技术的第七代数控系统 MAZATROL Smooth X 为枢纽，提供高品质、高性能的智能化产品和生产管理服务。

DMG 推出的 CELOS 系统简化和加快了从构思到成品的进程，其应用程序（CELOSAPP）使用户能够对机床数据、工艺流程及合同订单等进行操作显示、数字化管理和文档化。CELOS 系统可以将车间与公司高层组织整合在一起，为持续数字化和无纸化生产奠定基础，实现数控系统的网格化、智能化。

虽然国产高端数控系统与国外相比在功能、性能和可靠性方面仍存在一定差距，但近年来华中数控、航天数控、北京机电院、北京精雕等单位在多轴联动控制、功能复合化、网络化与智能化等方面也取得了一定的成绩。国内数控企业高端数控系统应用案例如表 3-2 所示。

表 3-2　国内数控企业高端数控系统应用案例

项目	典型案例
多轴联动控制	应用华中数控系统，武汉重型机床集团有限公司成功研制出 CKX5680 七轴五联动车铣复合数控加工机床，用于大型高端舰船推进器关键部件——大型螺旋桨的高精、高效加工
	北京精雕推出了 JD50 数控系统，具备高精度多轴联动加工控制能力，满足微米级精度产品的多轴加工需求，可用于加工航空航天精密零部件
功能复合化	北京精雕的 JD50 数控系统集 CAD/CAM 技术、数控技术、测量技术于一体，具备在机测量自适应补偿功能
网络化与智能化	沈阳数控 2012 年推出了具有网络智能功能的 i5 数控系统，该系统能满足用户的个性化需求，用户可以通过移动电话或计算机远程对 i5 智能机床下达各项指令，使工业效率提升了 20%
	华中数控围绕新一代云数控的主题，推出了配置机器人生产单元的新一代云数控系统和面向不同行业的数控系统解决方案
	北京精雕的 JD50 数控系统采用开放式体系架构，支持 PLC、宏程序及外部功能调用等系统扩展功能
	西北工业大学与企业合作研究建立了基于 Internet 的数控机床远程监测和故障诊断系统，为数控机床厂家创造了一个远程售后服务体系的网络环境，节省了生产厂家的售后服务费用，提高了维修和服务的效率
	广州数控提出了数控设备网络化解决方案，可对车间生产状况进行实时监控和远程诊断，目前已实现基于 TCP/IP 的远程诊断与维护，降低了售后服务成本，也为故障知识库和加工知识库的建立奠定了基础

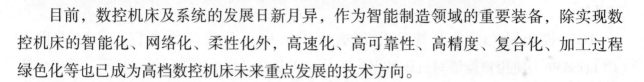

3.3.3 国内外高档数控机床的发展趋势

目前，数控机床及系统的发展日新月异，作为智能制造领域的重要装备，除实现数控机床的智能化、网络化、柔性化外，高速化、高可靠性、高精度、复合化、加工过程绿色化等也已成为高档数控机床未来重点发展的技术方向。

1. 高速化

汽车、国防、航空、航天等工业的高速发展及铝合金等新材料的应用，对数控机床加工的高速化要求越来越高。数控机床高速加工指标如表 3-3 所示。

表 3-3　数控机床高速加工指标

指标	速度
主轴转速	机床采用电主轴（内装式主轴电动机），主轴转速最高达 200 000 r/min
进给率	在分辨率为 0.01 μm 时，最大进给率达到 240 m/min 且可获得复杂型面的精加工
运算速度	微处理器的迅速发展为数控系统向高速、高精度方向发展提供了保障，开发出 32bit 及 64bit CPU 的数控系统，频率提高到几百 MHz、上千 MHz。运算速度的极大提高，使分辨率为 0.1 μm、0.01 μm 时仍能获得 24~240 m/min 的进给速度
换刀速度	目前，国外先进加工中心的刀具交换时间普遍在 1s 左右，甚至有的已达 0.5s。德国 Chiron 公司将刀库设计成篮子的样式，以主轴为轴心，刀具在圆周布置，其换刀时间仅 0.9s

为了提高数控机床各方面的性能，具有高精度和高可靠性的新型功能部件的应用成为必然。数控机床新型功能部件应用特点如表 3-4 所示。

表 3-4　数控机床新型功能部件应用特点

部件	应用特点
高频电主轴	高频电主轴是高频电动机与主轴部件的集成，具有体积小、转速高、可无级调速等特点，在各种新型数控机床中已经获得广泛的应用
直线电动机	虽然价格高于传统的伺服系统，但由于负载变化扰动、热变形补偿、隔磁和防护等关键技术的应用，机械传动结构得到简化，机床的动态性能有了提高
电滚珠丝杠	电滚珠丝杠是伺服电动机与滚珠丝杠的集成，可以大大简化数控机床的机构，具有传动环节少、结构紧凑等优点

近年来，直线电动机的应用日益广泛，如，西门子公司生产的 IFNI 系列三相交流永磁式同步直线电动机已广泛应用于高速铣床、加工中心、磨床、并联机床及动态性能和运动精度要求高的机床等；德国 EXCELLO 公司的 XHC 卧式加工中心三向驱动均采用两

个直线电动机完成位置和精度控制。

2. 高可靠性

五轴联动数控机床能够加工复杂的曲面，并能够保证平均无故障时间在 20 000 h 以上，这是一种对产品和原材料的高效使用。在其内部具有多种报警措施，能够使操作者及时处理问题，并拥有安全的防护措施，这是对产品的一种保障，更是对操作工人和社会的一种保障。高可靠性使机床在生产时更放心，更能节约企业原材料和人工，这是对社会资源的一种节约。

3. 高精度

高档数控机床之所以能够反映一个国家工业制造业的水准，正是因为其高精度特点。随着 CAM 系统的发展，高档数控机床不但能够高速度、高效率加工，而且加工精度为微米级，其特有的往复运动单元能够极其细致地加工凹槽；采用光、电化学等新技术的特种加工精度可达到纳米级。在进行结构改进和优化后，五轴联动数控机床的加工精度能达到微米级甚至是纳米级。

4. 复合化

随着市场的需求不断变换，制造业的竞争日趋激烈，不仅要求机床能够进行单件的大批量生产，还要求其能够完成小批量、多品种的生产。开发复合程度更高的机床，使其能够生产多种大、小批量的类似品种，是对高档数控机床的新要求。

5. 加工过程绿色化

随着日趋严格的环境与资源约束，制造加工的绿色化越来越重要。因此，近年来不用或少用切削液，实现干切削、半干切削的节能环保机床不断出现，并不断发展。新时代，绿色制造的大趋势将使各种节能环保机床加速发展，占领更多的市场份额。

3.3.4　智能机床的认知

20 世纪 90 年代，智能机床的概念被提出，但目前其仍没有业界普遍认可的定义。一般认为，智能机床应具备的基本功能为感知功能、决策功能、控制功能、通信功能、学习功能等。

美国国家标准技术研究所下属的制造工程实验室（Manufacturing Engineering Laboratory，MEL）、美国辛辛那提 – 兰姆公司、瑞士米克朗公司和英国汉普郡大学等都对智能机床进行了研究，其中以 MEL 的定义最具代表性。MEL 认为，智能机床应具有如下功能。

1）能够感知自身的状态和加工能力，并能够进行自我标定。这些信息将以标准协议的形式存储在不同的数据库中，以便机床内部的信息流动、更新和供操作者查询。这主要用于预测机床在不同的状态下所能达到的加工精度。

2）能够监视和优化自身的加工行为。它能够发现误差并补偿误差（自校准、自诊断、自修复和自调整），使机床在最佳加工状态下完成加工。甚至它所具有的智能组件能够预测出即将出现的故障，以提示机床需要维护和进行远程诊断。

3）能够对所加工工件的质量进行评估。它可以根据在加工过程中获得的数据或在线测量的数据估计出最终产品的精度。

4）具有自学习的能力。它能够根据加工中和加工后获得的数据更新机床的应用模型。

瑞士米克朗公司认为，智能机床是通过各种功能模块（软件和硬件）来实现的。必须通过这些模块建立人与机床互动的通信系统，将大量的加工相关信息提供给操作人员；必须向操作人员提供多种工具，使其能优化加工过程，显著改善加工效能；必须能检查机床状态并能独立地优化铣削工艺，提高工艺可靠性和工件加工质量。其认为智能机床模块一般包含如下内容。

1）高级工艺控制模块（Advanced Process System，APS）。APS 通过铣削中对主轴振动的监测实现对工艺的优化。高速加工中的核心部件——电主轴，在高速加工中起着至关重要的作用，其制造精度和加工性能直接影响零件的加工质量。例如，米克朗公司在电主轴中增加振动监测模块，它能实时记录每一条程序语句在加工时主轴的振动量，并将数据传输给数控系统，工艺人员可通过数控系统显示的实时振动变化了解每个程序段中所给出的切削用量的合理性，从而有针对性地优化加工程序。APS 模块的优点：①改进了工件的加工质量；②增加了刀具寿命；③检测刀柄的平衡程度；④识别危险的加工方法；⑤延长主轴的使用寿命；⑥提升加工工艺的可靠性。

2）操作者辅助模块（Operator Support System，OSS）。OSS 就像集成在数控系统中的专家系统一样，对于初学者具有极大的帮助。在进行一项加工任务之前，操作者可以根据加工任务的具体要求，在数控系统的操作界面选择速度优先、表面粗糙度优先、加工精度优先还是折中目标，机床根据这些指令调整相关的参数，优化加工程序，从而达到更理想的加工结果。

3）主轴保护模块（Spindle Protection System，SPS）。传统的故障检修工作都是在出现故障后才进行的，这导致机床意外减产和维护成本较高。预防性维护的前提是能很好地掌握机床和机床零部件状况，其中监测主轴工作情况是关键。SPS 支持实时检查，使机床可以得到有效保养和故障检修。SPS 模块的优点：①自动监测主轴状况；②能及早发现主轴故障；③计划故障检修的最佳时间，可避免主轴失效后的长时间停机。

4）智能热控制模块（Intelligent Thermal Control，ITC）。高速加工中热量的产生是不可避免的，优质的高速机床会在机械结构和冷却方式上进行相应处理，但不可能百分之百地解决问题。所以，在高度精确的切削加工中，通常需要在开机后空载运转一段时间，待机床达到热稳定状态后再开始加工，或在加工过程中人为地输入补偿值来调整热漂移。ITC 能自动处理温度变化造成的误差，不需要过长的预热时间，也不需要操作人员的手动补偿。

5）移动通信模块（Remote Notification System，RNS）。为了更好地保障无人化自动加工的安全性、可靠性，需要给机床配置 SIM 卡，这样就可以按照设定的程序实时地将机床的运行状态发送到相关人员的手机上。

6）工艺链管理模块（Cell and Workshop Management System，CWMS）。CWMS 用于生成和管理订单、图样及零件数据，集中管理铣削和电火花加工，定制产品所涉及的技术规格信息。此外，其还能收集和管理工件及预定位置处的信息，如用于加工过程的 NC 程序和工件补偿信息，并将这些信息通过网络提供给其他系统。

日本 MAZAK 对智能机床的定义为：机床能对自己进行监控，可自行分析众多与机床、加工状态、环境有关的信息及其他因素，并自行采取应对措施保证最优化的加工。也就是说，智能机床应可以发出信息和自行进行思考，达到自行适应柔性和高效生产系统的要求。该公司开发的智能机床具有以下四种智能功能。

1）主动振动控制（Active Vibration Control，AVC），可以将振动减至最小。切削加工时，各坐标轴运动的加速度产生的振动将影响加工精度、表面粗糙度、刀具磨损度和加工效率，具有此项智能的机床可使振动减至最小。

2）智能热屏障（Intelligent Thermal Shield，ITS），可以实现热位移控制。机床部件动作产生的热量及室内温度变化会产生定位误差，此项智能可对这些误差进行自动补偿，使其值最小。

3）智能安全屏障（Intelligent Safety Shied，ISS），可以防止部件碰撞。当操作工人为了调整、测量、更换刀具而手动操作机床时，一旦将要发生碰撞，机床立即停机。

4）Mazak 语音提示（Mazak Voice Adviser，MVA），即语音信息系统。当工人手动操作和调整时，用语音进行提示，以减少由工人失误造成的问题。

3.3.5　我国高档数控机床发展路径分析

我国机床行业在世界机床工业体系和全球机床市场中占有重要地位，但与世界机床强国相比仍存在一定的差距。

我国已连续多年成为世界最大的机床装备生产国、消费国和进口国。随着电子与通信设备、航空航天装备、轨道交通装备、电力装备、汽车、船舶、工程机械与农业机械等重点产业的快速发展，以及新材料、新技术的不断进步，我国对数控机床与基础制造装备的需求将由中低档向高档转变，由单机向包括机器人上下料和在线检测功能的制造单元与成套系统转变，由数字化向智能化转变，由通用机床向个性化机床转变。其中，电子与通信设备制造装备将是新的需求热点。

1）重点产品方面。将重点针对航空航天装备、汽车、电子信息设备等重点产业发展的需要，开发高档数控机床、先进成形装备及成组工艺生产线，包括电子信息设备加工装备、航空航天装备大型结构件制造与装配装备、航空发动机制造关键装备、船舶及海洋工程关键制造装备、轨道交通关键零部件成套加工装备、汽车关键零部件加工成套装备及生产线、汽车四大工艺总成生产线、大容量电力装备制造装备、工程及农业机械生产线等产品。

2）高档数控系统方面。重点开发多轴、多通道、高精度插补、动态补偿和智能化编程，具有自监控、维护、优化、重组等功能的智能型数控系统；提供标准化基础平台，允许不同软硬件模块介入，具有标准接口、模块化、可移植性、可扩展性及互换性等功能的开放型数控系统。

3）关键共性技术方面。近年来，机床制造基础和共性技术研究不断加强，产品开发与技术研究同步推进，机床产品的可靠性设计与性能试验技术、多轴联动加工技术等关键技术的成熟度有了很大提升。数字化设计技术研究成果在高精度数控坐标镗床、立式加工中心等产品设计上进行实际应用。多误差实时动态综合补偿和嵌入式数控系统误差补偿等软硬件系统在多个企业、多个产品上进行示范应用，使数控机床精度得到了明显提升。未来将重点攻克数字化协同设计及3D/4D全制造流程仿真技术、精密及超精密机床的可靠性及精度保持技术、复杂型面和难加工材料高效加工及成形技术、100%在线检测技术。

4）应用示范工程方面。开展国家科技重大专项"高档数控机床与基础制造装备"应用示范工程、汽车轻量化材质关键部件及总成新工艺装备应用示范工程、舰船平面/曲面智能化加工流水线应用示范工程。

单元3.4 工业机器人技术

情景导入

走进一家汽车整车制造厂，你会发现工业机器人已经成为这里主要的生产力量。其中，焊装车间的生产线令人印象深刻，无数的焊接机器人形成了高度自动化的协作生产线，在固定的生产节拍下，它们击打着汽车的车身，冒出灼目的电火花。除焊接外，在很多汽车生产环节要用到工业机器人，现代化汽车生产线的技术水平和自动化程度在不断提升。目前，国内众多汽车整车制造商实现了自动化和智能化制造。

工业机器人是机器人家族中的重要一员，也是目前在技术上发展最成熟、应用最多的一类机器人。世界各国对工业机器人的定义不尽相同。

美国工业机器人协会（Robotics Industries Association，RIA）对工业机器人的定义为：机器人是用来搬运物料、部件、工具或专门装置的可重复编程的多功能操作器，并可通过改变程序的方法来完成各种不同的任务。

日本工业机器人协会（Japan Industrial Robot Association，JIRA）对工业机器人的定义为：工业机器人是一种装备有记忆装置和末端执行器的，能够完成各种移动来代替人类劳动的通用机器。

德国工程师协会（Verein Deutscher Ingenieure，VDI）对工业机器人的定义为：工业机器人是具有多自由度的、能进行各种动作的自动机器，它的动作是可以顺序控制的。轴的关节角度或轨迹可以不靠机械调节，而由程序或传感器加以控制。工业机器人具有执行器、工具及制造用的辅助工具，可以完成材料搬运和制造等操作。

国际标准化组织（International Organization for Standardization，ISO）对工业机器人的定义为：工业机器人是一种能自动控制，可重复编程，多功能、多自由度的操作机，能搬运材料、工件或操持工具，完成各种作业。

国际上第一台工业机器人诞生于20世纪60年代，其作业能力仅限于上、下料等简单工作。此后，工业机器人进入了一个缓慢的发展期。20世纪80年代，工业机器人产业得到巨大的发展。进入 20 世纪 90 年代以后，装配机器人和柔性装配技术得到了广泛应用。现在，工业机器人已发展成一个庞大的家族，并与数控、可编程控制器并称为工业自动化的三大技术支柱和基本手段，广泛应用于制造业的各个领域。

3.4.1 工业机器人的基本组成部分

一台完整的工业机器人主要由操作机、驱动系统、控制系统组成。华数机器人如图 3-10 所示。

1. 操作机

操作机是工业机器人的机械主体，是用来完成各种作业的执行机械。它因作业任务不同而有各种结构形式和尺寸，工业机器人的"柔性"除体现在其控制装置可重复编程方面外，还和其操作机的结构形式有很大关系。工业机器人中普遍采用的关节型结构是类似人体腰、肩和腕等的仿生结构。

图 3-10　华数机器人

2. 驱动系统

工业机器人的驱动系统是指驱动操作机运动部件动作的装置，即工业机器人的动力装置。工业机器人使用的动力源有压缩空气压力油和电能，相应的动力驱动装置为气缸、油缸和电动机。这些驱动装置大多安装在操作机的运动部件上，所以要求结构小巧紧凑、质量小、惯性小、工作平稳。

3. 控制系统

控制系统是工业机器人的"大脑"，它通过各种控制电路硬件和软件的结合来操纵工业机器人，并协调工业机器人与生产系统中其他设备的关系。普通机器设备的控制装置多注重其自身动作的控制，而工业机器人的控制系统还要注意建立其与作业对象之间的控制联系。一个完整的控制系统除作业控制器和运动控制器外，还包括控制驱动系统的伺服控制器及检测工业机器人自身状态的传感器反馈部分。现代工业机器人的电子控制装置可由 PLC、数控控制器或计算机构成。控制系统是决定工业机器人功能和水平的关键部分，也是工业机器人系统中更新和发展最快的部分。

3.4.2　工业机器人的基本分类

1.　按作业用途分类

依据具体的作业用途，工业机器人可分为电焊机器人、搬运机器人、喷漆机器人、涂胶机器人及装配机器人。

2.　按操作机的运动形态分类

按操作机的运动形态，工业机器人可分为直角坐标式机器人、极（球）坐标式器人、圆柱坐标式机器人和关节式机器人。另外，还有少数复杂的工业机器人采用以上方式的组合，称为组合式机器人。

3.　按工业机器人的承载能力和工作空间分类

按照工业机器人的承载能力和工作空间，工业机器人分为大型机器人、中型机器人、小型机器人、超小型机器人。

1）大型机器人：承载能力为 1 000~10 000 N，工作空间为 10 m³ 以上。

2）中型机器人：承载能力为 100~1 000 N，工作空间为 1~10 m³。

3）小型机器人：承载能力为 1~100 N，工作空间为 0.1~1 m³。

4）超小型机器人：承载能力小于 1 N，工作空间小于 0.1 m³。

4.　按工业机器人的自由度分类

操作机各运动部件的独立运动只有两种形态：直线运动和旋转运动。工业机器人腕部的任何复杂运动都可由这两种运动来合成。工业机器人的自由度一般为 2~7，其中，简易型的为 2~4，复杂型的为 5~7。自由度越大，工业机器人的柔性越大，但结构和控制也越复杂。

5.　按工业机器人控制系统的编程方式分类

按控制系统的编程方式分类，工业机器人可分为直接示教机器人、离线示教（或离线编程）机器人。

1）直接示教机器人：工作人员手把手示教或用示教盒示教。

2）离线示教（或离线编程）机器人：不对实际作业的工业机器人直接示教，而是脱离实际作业环境生成示教数据，间接地对工业机器人进行示教。

6.　按工业机器人控制系统的控制方式分类

按控制系统的控制方式，工业机器人可分为点位控制机器人、连续轨迹控制机器人、可控轨迹机器人、伺服型与非伺服型机器人。

1）点位控制机器人：只控制到达某些指定点的位置精度，而不控制其运动过程。

2）连续轨迹控制机器人：对运动过程的全部轨迹进行控制。

3）可控轨迹机器人：又称计算轨迹机器人，其控制系统能够根据要求，精确地计算出直线、圆弧、内插曲线和其他轨迹。在轨迹中的任意一点，都可以达到较高的运动精度。因此，只要输入符合要求的起点坐标、终点坐标及指定轨迹的名称，机器人就可以按指定轨迹运行。

4）伺服型与非伺服型机器人：伺服型机器人可以通过某些方式（如智能传感器）感知自己的运动位置，并把所感知的位置信息反馈回来，从而控制机器人的运动；非伺服型机器人则无法确定自己是否已经到达指定位置。

7. 按工业机器人控制系统的驱动方式分类

按控制系统的驱动方式，工业机器人可分为气动机器人、液压机器人和电动机器人。

3.4.3 工业机器人的特点

1. 可编程

生产自动化的进一步发展是柔性自动化。工业机器人可随其工作环境变化的需要而再编程，因此，它在小批量、多品种且具有均衡高效率的柔性制造过程中能发挥很好的作用，是柔性制造系统（Flexible Manufacturing System，FMS）中的一个重要组成部分。

2. 拟人化

工业机器人在机械结构上有类似人的腿部、足部、腰部、大臂、小臂、手腕、手爪等的部分。此外，智能化工业机器人还有许多类似人的"生物传感器"的部分，如皮肤型接触传感器、力传感器、负载传感器、视觉传感器、声觉传感器、语言功能等。传感器提高了工业机器人对周围环境的自适应能力。

3. 通用性

除专门设计的专用工业机器人外，一般工业机器人在执行不同的作业任务时具有较好的通用性。例如，更换工业机器人手部末端操作器（手爪、工具等）便可执行不同的作业任务。

3.4.4　工业机器人的应用

工业机器人主要应用在以下三个方面。

1. 恶劣、危险的工作场合

这个领域的作业一般有害健康甚至危及生命，或不安全因素很多，因而不宜人工去做，用工业机器人去完成是最适宜的。例如，核电站蒸汽发生器检测机器人，可在有核污染的环境下代替人进行作业。又如，爬壁机器人特别适合超高层建筑外墙的喷涂、检查、修理工作。

2. 特殊作业场合

这个领域对人来说是力所不及的，只有机器人才能进行作业。例如，航天飞机上用来回收卫星的操作臂，是在人和一般设备是无法进入的狭小容器内进行检查、维护和修理作业的具有 7 个自由度的机械臂。微米级电动机、减速器、执行器等机械装置及显微传感器组装的微型机器人的出现，拓宽了工业机器人特殊作业场合的范围。

3. 自动化生产领域

早期工业机器人在生产上主要用于机床上下料、点焊和喷漆作业。随着柔性自动化的出现，工业机器人开始扮演更加重要的角色，出现多种用于不同场合的机器人，如焊接机器人、搬运机器人、检测机器人、装配机器人、喷漆和喷涂机器人，以及其他用于如密封和黏合、清砂和抛光、熔模铸造和压铸、锻造等作业的机器人。

综上所述，工业机器人的应用给人类带来了许多好处，如减少劳动力费用、提高生产效率、改进产品质量、增大制造过程的柔性、减少材料浪费、控制和加快库存的周转、降低生产成本、消除危险和恶劣的劳动岗位等。在智能制造体系中，工业机器人是支撑整个系统有序运作的关键硬件。工业机器人作为智能装备智能化的代表，是智能制造的基石，也是智能制造的重点方向。

单元 3.5 智能检测技术

港珠澳大桥是国家工程，其建设创下多项世界之最，体现了我国逢山开路、遇水架桥的奋斗精神，体现了我国的综合国力、自主创新能力，体现了勇创世界一流的民族志气。运营和维护这样一个大型基础设施是一项艰巨的任务。过去，桥梁维护以出现问题—解决问题的模式为主，而港珠澳大桥运用结构健康监测系统、智能交通系统、BIM（Building Information Modeling）系统，使运营者能够做出智慧和主动的维护行为。BIM 将数据转化为信息，从一根钢筋到一个照明灯，如果发现某个构件的状态与预期有差距，那么就可以通过调取相应信息了解原因，并提前调整维护行动和预算，预防事故的发生。

传统的工程测试技术是利用传感器将被测量转换为易于观测的信息（通常为电信号），通过显示装置给出待测量的信息，其特点是被测量与测试系统的输出有确定的函数关系，一般为单值对应；信息的转换和处理多采用硬件处理；传感器对环境变化引起的参量变化适应性不强；多参量多维等新型测量要求不易满足。智能检测包含测量、检验、信息处理、判断决策和故障诊断等多种内容，是检测设备模仿人类智能，将计算机技术、信息技术和人工智能等相结合而发展的检测技术，含智能反馈和控制子系统，能实现多参数检测和数据融合，具有测量过程软件化、测量速度快、精度高、灵活性强、智能化和功能强等特点。

3.5.1 智能检测系统的工作原理

智能检测系统有被测信息流、内部控制信息流两个信息流。被测信息依次被送入参数传感器模块、传输与记录系统模块、信息处理单元模块进行处理，并将处理结果送入内部信息流的特征识别模块中，然后又将信息依次经过推理机模块、知识库模块、控制规则集模块、参数调节器模块、控制执行集模块进行处理，最后把结果反馈到被测信息流的处理模块中，形成一个闭环的系统，保证被测信息在系统中的传输不失真或失真在允许范围内。智能检测系统工作原理如图 3-11 所示。

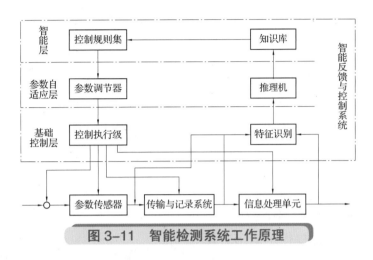

图 3-11　智能检测系统工作原理

3.5.2　智能检测系统的结构

智能检测系统由硬件和软件两大部分组成，其具体结构如图 3-12 所示。

智能检测系统硬件的基本结构如图 3-13 所示。在图 3-13 中，不同种类的被测信号被各种传感器转换成相应的电信号，这是任何检测系统必不可少的环节。传感器输出的电信号经调节放大（包括交直流放大、整流滤波和线性化处理）后，变成 DC 0~5 V 电压信号，经 A/D 转换后送入单片机进行初步数据处理。单片机通过通信电路将数据传输到主机，实现检测系统的数据分析和测量结果的存储、显示、打印、绘图，以及与其他计算机系统的联网通信。对于直流输出的传感器信号，则不需要交流放大和整流滤波等环节。

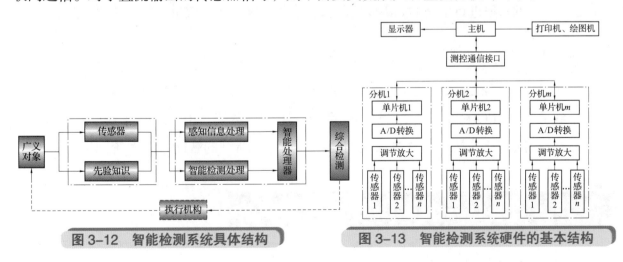

图 3-12　智能检测系统具体结构　　　图 3-13　智能检测系统硬件的基本结构

典型的智能检测系统由主机（包括计算机、工控机）、分机（以单片机为核心、带有标准接口的仪器）和相应的软件组成。分机根据主机命令，实现传感器测量采样、初级数据处理及数据传输。主机负责系统的工作协调，输出对分机的命令，对分机传输的测量数据进行分析处理，输出智能检测系统的测量、控制和故障检测结果，供显示、打印、绘图和通信。

软件是实现、完善和提高智能检测系统功能的重要手段。智能检测系统的软件包括系统软件和应用软件，如图 3-14 所示。系统软件是计算机实现运行的软件。应用软件与被测对象直接相关，贯穿整个测试过程，由智能检测系统研究人员根据系统的功能和技术要求编写。它包括测试程序、控制程序、数据处理程序、系统界面生成程序等。软件设计人员在设计应用软件时，应充分考虑其在编制、修改、调试、运行和升级方面的便利性，为智能检测系统后续的升级、换代做好准备。虚拟仪器技术的快速发展为智能检测系统的软件化设计提供了诸多方便。

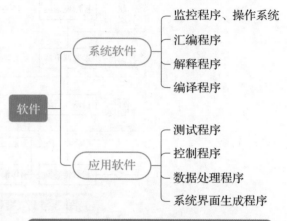

图 3-14　智能检测系统的软件组成

3.5.3　智能检测系统的分类

关于智能检测系统的分类，目前没有统一标准，可以根据被测对象分类，也可以根据智能检测系统所采用的标准接口总线分类。

1. 根据被测对象分类

根据被测对象的不同，智能检测系统可分为在线实时智能检测系统和离线智能检测系统。在线实时智能检测系统主要用于生产与试验现场，如粮食烘干系统的水分检测控制、热力参数运行的测量控制、病人的医疗诊断、武器的性能测试等。离线智能检测系统主要用来对非运行状态的对象进行检测，如集成电路参数检测、仪器产品质量检验、地形助探系统等。

2. 根据智能检测系统所采用的标准接口总线分类

根据智能检测系统所采用的标准接口总线系统的不同，智能检测系统可分为计算机通用总线系统、IEC-625 系统、CAMAC 系统、HP-IL 系统、RS-232C 系统、CAN 系统、I2C 系统等。随着新的接口与总线系统的诞生，必将有新型的智能检测系统问世。

3.5.4　现代智能检测技术及应用

1. 智能视频监控技术

智能视频监控技术（Intelligent Video Surveillance，IVS）基于计算机视觉技术，对监控场景的视频图像内容进行分析，提取场景中的关键信息，产生高层的语义理解，并形成相应警告的监控方式。如果把摄像机当作人的眼睛，那么智能视频分析可以理解为人的大脑。智能视频监控技术融合了图像处理、模式识别、人工智能、自动控制及计算机科学等学科领域的技术；其往往借助处理器芯片的强大计算功能，对视频画面中的海量数据进行高速分析，进行信息过滤，为监控者提供有用的关键信息。与传统的视频监控系统相比，智能视频监控系统能从原始视频中分析、挖掘有价值的信息，变人工伺服为主动识别，变事后取证为事中分析，并及时进行警示。

2. 光电检测技术及应用

光电信息技术是将光学技术、电子技术、计算机技术及材料技术相结合而形成的新技术。光电检测技术是光电信息技术中的核心部分，具有测量精度高、速度快、非接触、频宽与信息容量极大、信息效率极高及自动化程度高等特点，已成为现代检测技术中最重要的手段和方法之一，在工业、农业、军事、航空航天及日常生活中应用广泛。光电检测技术主要包括光电变换技术、光信息获取与光信息测量技术、测量信息的光电处理技术、图像检测技术、光学扫描检测技术、光纤传感检测技术及系统等。

光电检测有多种形式，根据媒介物质分类可分为激光检测、自光检测、蓝光检测等；根据检测方法分类可分为利用便携式仪器进行的手动测量、设置在生产线中（旁）的固定式和机器人的通用式自动化测量等。

光电检测技术的发展趋势主要聚焦在以下方面。

1）高精度：检测精度向高精度方向发展，纳米、亚纳米高精度的光电测量新技术是今后发展的热点。

2）智能化：检测系统向智能化方向发展，如光电跟踪与光电扫描测量技术。

3）数字化：实现光电测量与光电控制一体化。

4）多元化：光电检测仪器的检测功能向综合性、多参数、多维测量等多元化方向发展，并向微空间、大空间领域发展。

5）微型化：光电检测仪器所用电子元器件及电路向集成化方向发展，促使光电检测系统朝着微型化方向发展。

6）自动化：检测技术向自动化、非接触、快速在线测量方向发展，检测状态向动态测量方向发展。

3. 太赫兹检测技术

太赫兹波是频率在 0.1~10 THz（波长为 0.03~3 mm）的电磁波，处于微波和红外线之间。研究表明，利用太赫兹波进行样品检测时，不会产生有害的光致电离，是一种有效的无损检测方法。随着科学技术的发展，太赫兹波逐渐应用于工业领域，如进行无损检测、工业过程监测和药物质量控制等。

太赫兹技术主要包括太赫兹光谱技术和太赫兹成像技术。太赫兹光谱技术主要有太赫兹时域光谱技术、时间分辨光谱技术和太赫兹发射光谱技术。太赫兹光谱包含丰富的物理和化学信息，研究太赫兹光谱对于研究基础物理相互作用具有重要的意义。太赫兹成像技术有太赫兹电光取样成像、层析成像、太赫兹脉冲时域场成像、近场成像、太赫兹连续波成像等，可用于生物医学、质量检测、安全检查和无损检测等众多领域。

太赫兹光谱技术，特别是时域光谱技术，是最成熟也最有可能在工业应用中采用的太赫兹技术。太赫兹时域光谱系统由光源、光学系统、太赫兹发射极、太赫兹探测器、光谱扫描系统和信息处理软件平台等组成，光源为飞秒激光（飞秒振荡器、飞秒放大器或飞秒光纤激光器），用以使太赫兹发射极产生太赫兹波，再经由光谱扫描系统在太赫兹探测器上与探测光会合，最终在信息处理软件平台上显示太赫兹光谱。

太赫兹技术正在逐步满足工业需求，如太赫兹光谱在纸张厚度测量和分析中的应用，以及在混合物和粉末在线无损检测方面的应用。为促进太赫兹技术的应用，必须提高采集速度及太赫兹测量的可靠性，并建立一个广泛的数据库来更好地解析光谱数据。

太赫兹技术应用的中期目标是实现质量控制和过程监控。工业领域法规的强化为太赫兹技术的发展提供了机遇。越来越完善的法规使工业界必须监控生产过程（包括产品生产之前、产品生产期间和产品生产之后的过程）并控制产品质量，而太赫兹技术具有穿透屏障材料的能力，以及非接触和无损检测的优点，是检测、控制与监测方面的最佳技术之一。

太赫兹技术应用的长期目标是促进 MES 的发展。MES 是一个以优化产品整个生产过程为目的的实时计算机系统，其收集的信息可用于产品定义、产品质量管理、产品跟踪、生产性能分析等不同的功能。MES 的使用可以获得更有效的生产流程，减少浪费和维修成本，增加正常运行时间。为了达到上述目的，必须使用准确可靠的测量技术。因此，太赫兹光谱技术和成像系统将获得较好的应用机会。

工业对测量技术的重要要求是能够进行在线、实时和非侵入性的测量。太赫兹测量属于非接触式测量技术，可以满足工业对测量技术的要求。太赫兹技术应用的主要障碍是信息采集时间过长，难以在工业过程监控中广泛采用太赫兹系统。随着技术的迅猛发展，信息采集速度不断提高，使太赫兹技术的实时应用成为可能。

欧美国家已推出很多性能优异的太赫兹无损检测成像设备，我国在太赫兹核心技术上仍处于研究阶段。从 2013 年起，中国科学院重庆绿色智能技术研究院太赫兹技术研究中心以太赫兹蓝光成像技术为研究重点开展太赫兹光谱成像仪系统设计与集成，并针对碳纤维、玻璃纤维、航空泡沫、聚乙烯、石墨烯五类材料，在太赫兹无损检测研究上取得了诸多突破。

4. 智能超声检测技术

超声检测主要采用脉冲反射超声波探伤仪对被检测机器内部的缺陷进行探伤。在检测时，超声波遇到不同介质会产生反射现象，从而检测出损伤的位置和范围。探伤仪工作时，检测头须与待检测设备紧密接触，探头可同时接收损伤处反射的超声波，故可将超声波信号转变为电信号进行处理。

20 世纪 40 年代，英国和美国成功研制出脉冲反射式超声波探伤仪，使超声波探伤开始应用于工业领域。20 世纪 60 年代，德国研制出高灵敏度及高分辨率的设备，使用超声波可以对焊缝进行探伤，扩展了超声检测的应用；同时，使用超声相控阵检测技术，将超声检测发展至超声成像领域。20 世纪 80 年代以后，无损检测与人工智能、信息融合等先进技术结合，实现了复杂型面复合构件的超声扫描成像检测。

常用的超声检测方法除常规超声检测外，还有超声导波和超声相控阵检测技术等。超声导波检测主要用于在线管道检测，其能检测出管道内外部腐蚀或冲蚀、环向裂纹、焊缝错边、疲劳裂纹等缺陷。超声导波的优点是传播距离长，衰减很小，在一个位置固定脉冲回波阵列就可以一次性对管壁进行长距离、大范围的快速检测。

超声相控阵检测技术能够以图像形式直观显示缺陷，并通过线性扫描图或扇形图显示一定区域范围内的缺陷，有利于对缺陷的评价。从应用效果来看，使用超声相控阵探伤仪检测复合材料能极大地提高检测效率和检测准确性，节省检测成本。

在超声相控阵检测技术方面，加拿大的 Lamarre 等研究了基于双线阵（Dual Linear Arrays，DLA）和双矩阵换能器（Dual Matrix Arrays，DMA）的管道耐腐蚀合金焊缝超声相控阵检测方法。该方法采用并行布置的两个线阵或矩阵超声相控阵换能器对焊缝结构进行扫描成像，能够在焊缝区域产生更高超声能量，提高超声反射信号的信噪比，并消除单换能器发射接收时声波通过楔块传播形成的检测盲区。

加拿大的 Turcotte 等研究了基于超声相控阵和 3D 扫描技术的结构腐蚀检测方法。该方法采用 3D 扫描技术得到结构三维型面特征，并采用超声相控阵技术对结构进行型面超声扫描成像，将超声扫描数据和结构型面数据结合，从而得到表征结构内部腐蚀缺陷的三维图。

20 世纪 60 年代末，电磁超声换能器的出现使无损检测能够在高温、高速等恶劣条件下实现。电磁超声只能在导电介质上产生，主要应用于金属材料的检测；和传统超声检测技术相比，电磁超声检测具有无需任何耦合剂、灵活产生各类波形、声传播距离远、检测速度快等优点。其在变电站 GIS 管道裂纹检测、焊缝检测、铁路钢轨在线检测等领域得到了很好的应用。总之，电磁超声技术的发展扩展了超声检测的应用范围。

20世纪70年代，激光超声检测技术开始应用于无损检测领域。激光超声检测在无损检测中具有抗干扰能力强、时空分辨率高、适合恶劣环境下的在线检测等优点，在材料无损检测方面具有广阔的应用前景。但是，其本身也有一定缺陷，如光声能量的转换率低、检测灵敏度较低、检测系统价格昂贵等。因此，激光超声检测技术并不能完全取代传统超声技术，而是在某些常规技术不适用的领域发挥优势。西班牙的Cuevas等研究了基于关节机器人技术的新型激光超声检测系统，如图3-15所示。相比手动检测方法和液浸式超声扫描系统，该系统在大型复杂型面构件的自动扫描检测方面具有更高的型面适应性、扫描效率。

图3-15　基于关节机器人技术的新型激光超声检查系统

3.5.5　智能检测技术发展方向

在智能制造相关技术快速发展的环境下，需要认真分析智能仪器及测试技术在智能制造中的地位，深入思考智能仪器及测试技术在智能工厂建设中的作用，提出智能仪器新的功能需求和测试技术发展的新方向，寻求智能仪器及测试技术在智能制造中新的应用前景。智能检测技术的主要发展方向包括以下几个。

1. 智能仪器功能设计与标准研究

为保证智能检测技术的快速发展，应加强对智能仪器功能设计和标准制定的研究，系统解决制约智能传感器和智能仪器研发、设计、材料、工艺、检测和产业化等的关键问题，研制生产出满足智能制造和智能工厂要求的智能传感器和智能仪器产品，积极推广其在数字化生产线改造、智能单元及智能车间建设等项目中的应用。

2. 针对离散制造行业进行智能制造解决方案的研究

离散制造行业对底层生产环节中的智能化要求较高，其生产线、装配线往往处于高效运转、持续工作的状态，各种设备所产生、采集与处理的数据量比较大，对智能检测技术提出了更高的要求。智能检测技术不仅需要实现设备状态的检测与数据采集，还需要结合完整的工艺流程和业务需求，进行数据的融合与分析，为整体的智能制造系统提供完整的解决方案，以工艺管理信息化平台、智能仪器、自动化试验设备、PIM 等技术为基础，不断完善产品体系，为离散制造行业的智能制造模式提供思路与产品。

③ 故障预测与健康状态管理技术

故障预测与健康状态管理（Prognostics and Health Management，PHM）技术是为了满足自主保障、自主诊断的要求提出的，是基于状态的实时视情维修发展起来的。在智能制造系统中，可以结合该技术进行装备的状态分析与管理，实时发现生产、试验等环节的问题，并能够从工业互联网的角度去看待智能设备、智能生产运营，强调资产设备中的状态感知、数据监控与分析，监控设备健康状况、故障频发区域与周期，预测故障发生，从而大幅度提高运行维修效率，是密集应用大数据的智能制造系统维护和智能工厂建设的重要工具。在实际应用中，主要体现在生产系统状态识别、在线监控、定量分析、健康状态分析、设计工艺优化等方面。

单元 3.6　3D 打印技术

情景导入 →

随着科技的发展，器官移植成为越来越多脏器衰竭、恶性肿瘤患者生存的希望，但供体不足问题一直困扰着患者和医生。研究表明，3D 打印人造器官可以以自身的成体干细胞经体外诱导分化而来的活细胞为原料，在体外或体内直接打印骨骼、人造血管、皮肤、血管夹板、心脏组织和软骨质结构等活体器官或组织，用于替换将失去功能的器官或组织，某种程度上解决了移植供体不足问题。

3D 打印技术实际上是利用光固化和纸层叠等技术的最新快速成型装置。它与普通打印工作原理基本相同，打印机内装有液体或粉末等"打印材料"，与计算机连接后，通过计算机控制，把"打印材料"一层一层叠加起来，最终把计算机上的蓝图变成实物。

3.6.1 3D 打印技术的发展

3D 打印技术的起源可追溯至 20 世纪 70 年代末到 80 年代初期。美国和日本研究人员各自独立提出了这种概念。1986 年，Charles Hull 率先推出光固化方法（Stereo Lithography Apparatus，SLA），这是 3D 打印技术发展的一个里程碑。同年，他创立了世界上第一家生产 3D 打印设备的 3D Systems 公司，该公司于 1988 年生产出了世界上第一台 3D 打印机 SLA-250。1988 年，美国人 Scott Crump 发明了另外一种 3D 打印技术——熔融沉积制造（Fused Deposition Modeling，FDM），并成立了 Stratasys 公司。1989 年，C. R. Dechard 发明了选择性激光烧结法（Selective Laser Sintering，SLS），其原理是利用高强度激光将材料粉末烧结直至成型。1993 年，麻省理工学院教授 Emanual Sachs 发明了一种全新的 3D 打印技术，这种技术的优点在于制作速度快、价格低廉。随后，Z Corporation 获得麻省理工学院的许可，利用该技术来生产 3D 打印机。

3.6.2 3D 打印技术的概念

3D 打印技术又称添加制造（Additive Manufacturing，AM）技术、增材制造技术。根据美国材料与试验协会 2009 年成立的 3D 打印技术委员会公布的定义，3D 打印与传统材料加工方法截然相反，是一种基于三维 CAD 模型数据，通过增加材料逐层制造与相应数学模型完全一致的三维物理实体模型的制造方法。3D 打印技术内容涵盖 PLM 前端的快速原型（Rapid Prototyping，RP）和全生产周期的快速制造（Rapid Manufacturing，RM）相关的所有打印工艺、技术、设备类别和应用。3D 打印涉及的技术包括 CAD 建模、测量、接口软件、数控、精密机械、激光、材料等。

3.6.3 3D 打印的特点和优势

1）数字制造：借助 CAD 等软件将产品结构数字化，驱动机器设备加工制造成器件；数字化文件还可借助网络进行传递，实现异地分散化制造的生产模式。

2）降维制造（分层制造）：先将三维结构的物体分解成二维层状结构，再逐层累加形成三维物品。因此，原理上 3D 打印技术可以制造出任何复杂的结构，而且制造过程更加柔性化。

3）堆积制造："从下而上"的堆积方式在实现非匀致材料、功能梯度的器件方面更有优势。

4）直接制造：任何高性能难成型的部件均可通过"打印"方式一次性制造出来，不需要通过组装、拼接等复杂过程来实现。

5）快速制造：二维码打印制造工艺流程短、全自动、可实现现场制造，因此，制造更快速、高效。

3.6.4　3D 打印的材料和设备

3D 打印材料可分为块体材料、液态材料和粉末材料等。3D 打印工艺及其材料如表 3-5 所示。

表 3-5　3D 打印工艺及其材料

工艺	代表公司	材料	市场
光固化成型	3D Systems（美国） EnvisionTEC（德国）	光敏聚合材料	成型制造
二维码打印	3D Systems（美国） Solidscape（美国）	聚合材料	蜡成型制造 铸造模型
粘结剂喷射	3D Systems（美国） ExOne（美国） Voxeljet（德国）	聚合材料 金属、铸造砂	成型制造 压铸模具 直接零部件制造
熔融沉积制造	Stratasys（美国）	聚合材料	成型制造
选择性激光烧结	EOS（德国） 3D Systems（美国） Arcam（瑞典）	聚合材料、金属	成型制造 直接零部件制造
片层压	Fabrisonic（美国） Mcor（爱尔兰）	纸、金属	成型制造 直接零部件制造
定向能力沉积	Optomec（美国） POM（美国）	金属修复	直接零部件制造

由表可见，已实现商品化的 3D 打印共涵盖 7 类工艺，其中以光固化成型、选择性激光烧结、熔融沉积制造和二维码打印等工艺为主。

光固化成型采用紫外线在液态光敏树脂表面进行扫描，每次生成一定厚度的薄层，从底部逐层生成物体。其优点是原材料利用率为 100%，尺寸精度高（误差为 ±0.1mm），表面质量优良，可以制作结构十分复杂的模型；缺点是价格昂贵，可用材料种类有限，制成品在光照下会逐渐解体。

选择性激光烧结采用高功率的激光，将粉末加热烧结在一起形成零件。其优点是可打印金属材料和多种热塑性塑料，如尼龙、聚碳酸酯、聚丙烯酸酯类、聚苯乙烯、聚氯乙烯、高密度聚乙烯等，打印时无须支撑，打印的零件力学性能好、强度高；缺点是材料粉末比较松散，烧结后成型精度不高，且高功率的激光器件价格昂贵。

熔融沉积制造采用热融喷头，使塑性纤维材料经熔化后从喷头内挤压而出，并沉积在指定位置后固化成型。这种工艺类似于挤牙膏的方式，其优点是价格低廉、体积小、生成操作难度相对较小；缺点是成型件的表面有较明显的条纹，产品层间的结合强度低、打印速度慢。

二维码打印采用类似喷墨打印机喷头的工作方式，这种工艺与选择性激光烧结十分类似，只是将激光烧结过程改为喷头黏结，光栅扫描器改为黏结剂喷射头。其优点是打印速度快、价格低；缺点是打印出来的产品机械强度不高。

3.6.5　3D 打印技术存在的主要问题

3D 打印技术已经取得显著进展，但仍存在以下几个方面的问题。

1. 耗材

耗材是制约 3D 打印技术广泛应用的关键因素。目前，已研发的应用于 3D 打印技术的材料主要有塑料、树脂和金属等；要扩展 3D 打印技术的应用领域，就需要开发更多的可打印材料，并根据材料特点深入研究加工、结构与材料之间的关系，开发质量测试程序和方法，建立材料性能数据的规范性标准等。此外，在一些关键领域，寻找合适的材料也是一大挑战。例如，空客概念飞机的仿真结构，要求机身必须透明且有很高的硬度。为符合这些要求，需要研发新型的复合材料。

此外，对金属材料进行 3D 打印的需求尤为迫切，如工具钢、不锈钢、钛合金、镍基合金、银和金等，但这些打印技术尚未完全突破。

2. 3D 打印机本身

由于 3D 打印工艺发展还不完善，快速成型零件的精度和表面质量大多不能满足工程直接使用要求，只能作为原型使用。3D 打印产品采用叠加制造工艺，层与层之间连接得再紧密，也很难与传统铸锻件相媲美。

3. 价格

现阶段，3D 打印不具备规模经济的优势，但是在单件小批量、个性化定制和网络社区化生产方面具有无可比拟的优势。

4. 知识产权的保护

3D 打印技术的意义不仅在于能改变资本和工作的分配模式，还在于它能改变知识产权的规则。该技术的出现使制造业的成功不再取决于生产规模，而是取决于创意。然而，只依靠创意是很危险的，因为模仿者和创新者能够轻易地在市场上快速推出新产品，极有可能面临盗版的威胁。

5. 3D 打印机的操作技能

3D 打印技术需要依靠数字模型来进行生产，但是对普通用户来说，学会使用计算机辅助设计工具（如 CAD）是有一定难度的。

6. 政策方面

3D 技术的研发需要政府大量的投入或产业界的资金支撑。

3.6.6 3D 打印技术的应用领域

3D 打印机的应用对象可以是需要模型和原型的任何行业。目前，3D 打印技术已在工业设计、文化艺术、机械制造、航空航天、军事、建筑、影视、家电、轻工、医学、考古等领域得到应用。随着 3D 打印技术的发展，其应用领域将不断拓展。这些应用主要体现在以下几个方面。

1）设计方案评审。借助 3D 打印的实体模型，不同专业领域（设计、制造、市场、客户）的人员可以对产品实现方案、外观、人机功效等进行实物评价。

2）制造工艺与装配检验。3D 打印可以较精确地制造出产品零件中的任意结构细节，借助 3D 打印的实体模型，结合设计文件，就可有效指导零件和模具的工艺设计，或进行产品装配检验，避免结构和工艺设计错误。

3）功能样件制造与性能测试。3D 打印的实体原型具有一定的结构性能，同时利用 3D 打印技术可直接制造金属零件，或制造出熔（蜡）模，再通过熔模铸造金属零件，甚至可以打印制造出具有特殊要求的功能零件和样件等。

4）快速模具小批量制造。以 3D 打印制造的原型为模板，制作硅胶、树脂、低熔点合金等快速模具，可便捷地实现几十件到数百件零件的小批量制造。

5）建筑总体与装修展示评价。利用 3D 打印技术可实现模型真彩及纹理打印的特点，可快速制造出建筑的设计模型，进行建筑总体布局、结构方案的展示和评价。

6）科学计算数据实体可视化。计算机辅助工程、地理地形信息等科学计算数据可通过 3D 彩色打印，实现几何结构与分析数据的实体可视化。

7）医学与医疗工程。通过医学 CT 数据的三维重建技术，利用 3D 打印技术制造器官、骨骼等实体模型，可指导手术方案设计。

8）首饰及日用品快速开发与个性化定制。利用 3D 打印制作蜡模，通过精密铸造实现首饰和工艺品的快速开发和个性化定制。

9）动漫造型评价。借助动漫造型评价，可实现动漫等模型的快速制造，从而指导和评价动漫造型设计。

10）电子器件的设计与制作。利用 3D 打印可在玻璃、柔性透明树脂等基板上，设计制作电子器件和光学器件，如 RFID、太阳能光伏器件、OLED 等。

3.6.7 3D 打印技术对生产生活方式的影响

3D 打印技术的应用将从以下三个方面深刻改变传统制造业形态。

1）使制造工艺发生深刻变革。3D 打印改变了通过对原材料进行切削、组装进行生产的加工模式，节省了材料和加工时间。例如，在航空航天工业领域应用的金属部件通常由金属钛加工而成，90% 的材料被切除，欧洲宇航防务集团（European Aeronautic Defence and Space Company，EADS）研究人员指出，这些被切除的钛废料可以用来打印部件，且打印出的部件与传统用固体钛加工出来的部件一样经久耐用，这样就节省了 90% 的原材料。

2）促进制造技术的重大飞跃。3D 打印技术是一门综合应用 CAD/CAM 技术、激光技术、光化学、控制、网络及材料科学等诸多方面技术和知识的高新技术。3D 打印技术的不断成熟将推动新材料技术和智能制造技术实现飞跃，带动相关产业的发展。

3）使制造模式发生革命性变化。3D 打印可能改变第二次工业革命产生的以装配生产线为代表的大规模生产方式，使产品生产向个性化、定制化转变。3D 打印机的推广应用将缩短产品推向市场的时间，消费者只要简单下载设计图，在数小时内通过 3D 打印机就可将产品"打印"出来，从而不需要大规模生产线，不需要大量的生产工人，不需要库存大量的零部件，这就是所谓的"社会化制造"。3D 打印的另一优势是通过制造资源网和互联网，快速建立高效的供应链、市场销售和用户服务网，这是实现敏捷制造、精益制造和可持续发展的一种生产模式。

总之，随着 3D 打印技术和商业应用的发展，大批量的个性化定制将成为重要的生产模式。3D 打印与现代服务业的紧密结合，将衍生出新的细分产业和新的商业模式，创造出新的经济增长点。3D 打印技术的发展使产品技术、制造技术与管理技术不断进步，使企业具备快速响应市场需求的能力，特别是形成适应全球市场上丰富多样的客户群，实现远程定制、异地设计、就地生产和销售的协调化新型生产模式，使生产模式、商业模式等多个方面发生根本性的变化。

单元 3.7 虚拟制造技术

情景导入

　　2017 年 5 月，我国自主研发的国产中程干线客机 C919 顺利实现首飞，这标志着我国具有了自主建造大飞机的技术实力。在飞机制造过程中，我国科技工作者突破重重困境，利用最先进的技术进行研发制造，其中虚拟制造技术发挥了关键作用。中国商飞研发出虚拟现实仿真系统，用于新型飞机的预先研究评估和关键技术攻关。虚拟仿真技术可以检测飞机形状是否符合空气动力学原理，内部结构布局是否合理，复杂管道系统设计是否发生冲突等，极大地缩短了飞机的研发周期。

3.7.1 虚拟制造技术的概念和特点

　　虚拟制造技术（Virtual Manufacturing Technology，VMT）是以虚拟现实和仿真技术为基础，对产品的设计、生产过程统一建模，在计算机上实现产品从设计、加工和装配、检验到使用的整个生命周期的模拟和仿真，以增强制造过程各级的决策与控制能力的制造技术。

　　虚拟制造技术的研究是一个不断深入、细化的过程，国际上不同的研究人员从不同角度出发，给出了各具特点的描述，其中有代表性的包括以下几种。

　　Kimura 认为，虚拟制造是指通过对制造知识进行系统化组织与分析，对整个制造过程建模，在计算机上进行设计评估和制造活动仿真。他强调通过虚拟制造模型对制造全过程进行描述，在实际的物理制造之前就具有对产品性能及其可制造性的预测能力。

　　Lawrence Associates 则认为，虚拟制造是一个集成的、综合的可运行制造环境，其目的是提高各个层次的决策与控制。

美国 Wright 空军实验室对虚拟制造做出了如下定义：虚拟制造建立在计算机建模、分析和仿真技术的基础之上，它是对这些技术的综合应用。这种综合应用增强了各个层次的设计制造、生产决策与控制能力。

从这些定义可以看出，虚拟制造涉及多个学科领域，是对这些领域知识的综合集成与应用。计算机仿真、建模和优化技术是虚拟制造的核心与关键技术。可以认为，虚拟制造是对制造过程中的各个环节，包括产品的设计、加工、装配，乃至企业的生产组织管理与调度进行统一建模，形成一个可运行的虚拟制造环境，以软件技术为支撑，借助高性能的硬件，在计算机局域 / 广域网络上，生成数字化产品，实现产品设计、性能分析、工艺决策、制造装配和质量检验。它是数字化形式的广义制造系统，是对实际制造过程的动态模拟。虚拟是相对于实物产品的实际制造系统而言的，强调的是制造系统运行过程的计算机化。

由于计算机软硬件技术和网络技术的广泛应用，虚拟制造具有以下四个特点。

1）无须制造实物样机就可以预测产品性能，节约制造成本，缩短产品开发周期。

2）产品开发中可以及早发现问题，及时反馈和更正。

3）以软件模拟形式进行产品开发。

4）企业管理模式基于 Intranet 或 Internet，整个制造活动具有高度的并行性。

3.7.2 虚拟制造的种类

广义的制造过程不仅包括产品的设计、加工和装配，还包含对企业生产活动的组织与控制。从这个观点出发，可以把虚拟制造划分为三类，即以设计为中心的虚拟制造、以生产为中心的虚拟制造和以控制为中心的虚拟制造。

1. 以设计为中心的虚拟制造

以设计为中心的虚拟制造强调以统一制造信息模型为基础，对数字化产品模型进行仿真与分析、优化，进行产品的结构性能、运动学、动力学、热力学方面的分析和可装配性分析，以获得对产品的设计评估与性能预测结果。

2. 以生产为中心的虚拟制造

以生产为中心的虚拟制造是在企业资源的约束下，对企业的生产过程进行仿真，对不同的加工过程及其组合进行优化。它对产品的可生产性进行分析与评价，对制造资源和环境进行优化组合，通过提供精确的生产成本信息对生产计划与调度进行合理决策。

3. 以控制为中心的虚拟制造

以控制为中心的虚拟制造是将仿真技术引入控制模型，提供模拟实际生产过程的虚拟环境，使企业在考虑车间控制行为的基础上对制造过程进行优化控制。

以上三种虚拟制造分别侧重于制造过程的不同方面，但它们都以计算机建模、仿真技术为重要的实现手段，通过对制造过程进行统一建模，用仿真支持设计过程、模拟制造过程，从而进行成本估算和生产调度。

3.7.3　虚拟制造关键技术

VMT 的涉及面很广，如可制造性自动分析、分布式制造技术、决策支持工具、接口技术、智能设计技术、建模技术、仿真技术及虚拟现实技术等。其中，后四项是虚拟制造的核心技术。

1. 智能设计技术

智能设计技术是对传统计算机设计技术的研究和加强，既具有传统 CAD 系统的数值计算和图形处理能力，又能满足设计过程自动化的要求，对设计的全过程提供智能化的计算机支持，因此又被称为智能 CAD 系统，简称 ICAD。虚拟设计与虚拟制造流程如图3-16 所示。

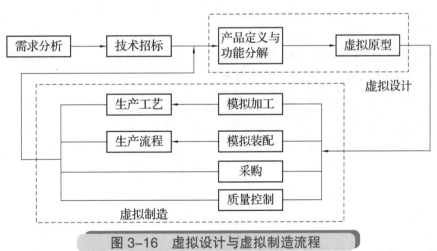

图 3-16　虚拟设计与虚拟制造流程

智能设计技术具有如下特点。

1）以设计方法学为指导。设计方法学对设计本质、过程设计思维特征及其方法学的深入研究，是智能设计模拟人工设计的基本依据。

2）以人工智能技术为实现手段。借助专家系统技术的强大知识处理功能，结合人工神经网络和机器学习技术，较好地支持设计过程自动化。

3）将传统 CAD 技术作为数值计算和图形处理工具，提供对设计方案优化和图形显示输出的支持。

4）面向集成智能化。不仅支持设计的全过程，还能为集成其他系统提供统一的数据模型及数据交换接口。

5）提供强大的人机交互功能。使设计师对智能设计过程的干预，即人和人工智能的融合成为可能。

随着对市场及用户数据的采集、分析和挖掘，以及参与式设计支撑技术的发展，传统的设计流程已从以设计师为主导的为用户设计，向基于用户需求的智能化设计转变。

2. 建模技术

虚拟制造系统（Virtual Manufacturing System，VMS）是现实制造系统（Real Manufacturing System，RMS）在虚拟环境下的映射，是 RMS 的模型化、形式化和计算机化的抽象描述和表示。VMS 建模包括生产模型、产品模型和工艺模型三种类型，如表 3-6 所示。

表 3-6　VMS 建模的类型

模型	说明
生产模型	可归纳为静态描述和动态描述两个方面，静态描述是指系统生产和生产特性的描述，动态描述是指在已知系统状态和需求特性的基础上预测产品生产的全过程
产品模型	产品模型是制造过程中各类实体对象模型的集合，目前产品模型描述的信息包括产品结构、产品形状特征等静态信息。而对 VMS 来说，要完成产品制造过程中的全部活动，就必须有完备的产品模型，所以虚拟制造下的产品模型不再是单一的静态特征模型，而是能通过映射、抽象等方法提取产品制造中的各个活动所需信息的模型，包括三维动态模型、干涉检查、应力分析等
工艺模型	将工艺参数与影响制造功能的产品设计属性联系起来，以反映生产模型与产品模型之间的交互作用。工艺模型必须具备计算机工艺仿真、制造数据表、制造规划、统计模型及物理和数学模型等功能

3. 仿真技术

仿真就是运用计算机将复杂的现实系统抽象并简化为系统模型，然后在分析的基础上运行此模型，从而获知原系统一系列的统计性能。仿真是以系统模型为对象的研究方法，不会干扰实际生产系统，而且利用计算机的快速运算能力，仿真可以用很短的时间模拟实际生产中需要很长时间的生产周期，因此可以缩短决策时间，避免资金、人力和时间的浪费，并可重复仿真，优化实施方案。

计算机仿真技术作为一门新兴技术，是建立在计算机能力的基础之上。随着计算机技术的发展，仿真技术也得到迅速发展，其应用领域及作用也越来越大。尤其是在航空、航天、国防及其他大规模复杂系统的研制开发过程中，计算机仿真一直是不可缺少的工具，它在减少损失、节约经费、缩短开发周期、提高产品质量等方面发挥了巨大的作用。

从产品的设计到制造及测试维护的整个生命周期，计算机仿真技术应用贯穿始终。概念设计阶段，计算机仿真技术进行产品动力学分析（如应力分析、强度分析）、产品运动学仿真（如机构之间的连接与碰撞）；详细设计阶段，计算机仿真技术进行刀位轨迹仿真、加工过程的仿真（检查 NC 代码）、装配仿真；加工制造阶段，计算机仿真技术应用于制造车间设计（布局、设备选择）、生产计划及作业调度、各级控制器设计、故障处理；测试仿真器培训 / 维护阶段，应用于训练仿真器；销售阶段，应用于供应链仿真器等；总体来说，先进制造技术的发展为计算机仿真的应用提供了新的舞台和更高的要求。

（1）仿真技术的发展趋势

1）仿真技术的应用范围空前地扩大了。在仿真的对象及目的方面，已由研究制造对象（产品）的动力学特性、运动学特性，研究产品的加工、装配过程，扩大到研究制造系统的设计和运行，并进一步扩大到后勤供应、库存管理、产品开发过程的组织，以及产品测试等，涉及制造企业的各个方面。

2）与网络技术结合所带来的仿真分布性。仿真的分布性是由制造的分布性决定的。敏捷制造、虚拟企业等概念本身就有基于网络实现异地协作的含义。

3）与图形和传感器技术相结合，使仿真的交互性大大增强，并由此形成了虚拟制造（Virtual Manufacturing，VM）、虚拟产品开发（Virtual Product Development，VPD）、虚拟测试（Virtual Test，VT）等新概念。

4）仿真技术应用的集成化。综合运用仿真技术形成可运行的产品开发和制造环境。就仿真技术应用的对象来看，可将制造业中应用的仿真分为面向产品的仿真、面向制造工艺和装备的仿真、面向生产管理的仿真、面向企业其他环节的仿真四类。

（2）计算机仿真在制造业中的具体应用

1）面向产品的仿真。面向产品的仿真主要包括以下几个方面。

① 产品的静态、动态性能的分析。产品的静态特性主要指应力、强度等力学特性；产品的动态特性主要指产品运动时，机构之间的连接与碰撞。

② 产品的可制造性分析（Design for Manufacturability，DFM）。DFM 包括技术分析和经济分析。技术分析是根据产品技术要求及实际的生产环境对可制造性进行全面分析；经济分析是进行费用分析，根据反馈时间、成本等因素，对零件加工的经济性进行评价。

③ 产品的可装配性分析（Design for Assembly，DFA）。DFA 分析装拆可能性，进行碰

撞干涉检验，拟定合理的装配工艺路线，并直观显示装配过程和装配到位后的干涉、碰撞问题。

2）面向制造工艺和装备的仿真。面向制造工艺和装备的仿真主要指对加工中心加工过程和机器人的仿真。

加工过程的仿真：由 NC 代码驱动，主要用于检验 NC 代码，并检验装夹等因素引起的碰撞干涉现象。其具体功能包括仿真加工设备及加工对象在加工过程中的运动及状态。加工过程仿真的每一步均由 NC 代码驱动；零件加工过程具有三维实时动画功能，当发生碰撞时，会发出报警。

机器人的仿真：随着机器人技术的迅速发展，机器人在制造系统中也得到了广泛的应用。然而，由于机器人是一种综合了机、电、液的复杂动态系统，只有通过计算机仿真来模拟系统的动态特性，才能揭示机器人的合理运动方案及有效的控制算法，解决在机器人设计、制造及运行过程中的问题。机器人仿真可分为以下几类。

① 针对制造系统中的机器人应用开展的研究，如柔性制造系统或计算机集成制造系统中机器人的仿真问题。

② 针对机器人操作手本身的特性进行的仿真研究，如运动学仿真、动力学仿真、轨迹规划和碰撞检验等问题。

③ 机器人离线编程系统的研究，如利用仿真生成满意的运动方案并自动转换成机器人控制程序去驱动控制器动作。

3）面向生产管理的仿真。生产管理的基本功能是计划、调度和控制。就仿真技术在生产管理中的应用来说，包括生产管理控制策略、制造车间设计、制造车间调度、库存管理等方面。

① 计算机仿真在生产管理控制策略中的应用。用于生产管理控制策略的仿真包括确定有关参数及用于不同控制策略之间的比较。比较常见的控制策略如下。

MRP：这是一种"推"式控制策略，通过需求预测，综合考虑生产设备能力、原材料可用量和库存量来制订生产计划。

KANBAN（看板）：这是一种"拉"式控制策略。根据订单来制订生产计划，即通常所说的准时生产。

LOC：面向货载能力的控制策略，即根据库存水平来控制生产过程。

DBR：面向瓶颈的控制策略，即根据生产过程中的瓶颈环节来控制整个流程。

比较的衡量指标一般包括产量、生产率等。每种控制策略中需要确定的参数包括批量、看板数量、库存水平等。

② 计算机仿真在制造车间设计中的应用。一般可以把车间的设计过程分为两个阶段：初步设计阶段和详细设计阶段。初步设计阶段的任务是研究用户的需求，由此确定

初步设计方案；详细设计阶段的主要任务是在初步设计的基础上，提出对车间各个组成单元的详尽而完整的描述，使设计结果能够达到进行实验和投产决策的程度，即确定设备、刀具、夹具、托盘、物料处理系统、车间布局等。而仿真技术主要用于方案的评价和选择。

在初步设计阶段，可以在仿真程序中的经济效益分析算法，运行根据初步设计方案所建立的仿真模型，给出以下评价信息：在新车间中生产的产品类型和数量能否满足用户需求；产品的质量和精度是否能够满足要求；新车间的效率和投资回收率是否合理。

在详细设计阶段，可以使用仿真技术对候选方案的以下方面做出评价：在制造主要零件时，车间中主要加工设备是否能得到充分利用；负载是否比较平衡；物料处理系统是否能够和车间的柔性程度相适应；新车间的整体布局是否能够满足生产调度的要求，是否具有一定的可重构能力；在发生故障时，车间生产系统是否能够维持一定程度的生产能力。

目前，国内外都已经开发出一些可用于辅助车间生产系统设计的成熟软件，如普渡大学开发的 GCMS、System Modeling 公司开发的 SIMAN/CINEMA、Auto Simulation 公司开发的 AUTOMOD/AUTOGRAM、清华大学开发的 IMMS 等。

③ 计算机仿真在制造车间调度中的应用。FMS 中的调度问题可以定义为分配和协调可获得的生产资源，如加工机器、自动引导运输工具（AGV）、机器人及加班的时间等，以满足指定的目标。这些目标可以是满足交货日期、产量达到最大，机器的利用率达到最高，也可以是上述目标的组合。

FMS 中的调度过程包括选择进入 FMS 的工件、为工件加工选择加工路线、选择在机器上进行加工的工作、为 AGV 选择派遣规则等。

目前，一些成熟的软件已经可用来解决调度问题，如 Autosched、Job TimePlus、FACTOR、FACTOR/AIM、SIMNETD 等。我国也已研制开发了用于车间调度层的仿真软件，如南开大学研制的 Job Shop 调度仿真软件、清华大学与航天部 204 所等单位开发的工厂仿真调度环境 FASE 及在此基础上开发的智能规则调度系统等。

④ 计算机仿真在库存管理中的应用。在整个生产系统中，库存子系统起着重要作用。按照库存材料在生产线中的作用，库存子系统可分为在线仓库和中央仓库。按库存材料的性质，库存子系统可分为原材料及外购件库、在制品库、成品库、维修备件及工具库。库存控制的目的在于使库存投资最少，且要满足生产和销售的要求。

对库存管理的仿真包括确定订货策略、确定订货点和订货批量、确定仓库安全库存水平等。

4. 虚拟现实技术

虚拟现实（Virtual Reality，VR）技术是采用以计算机技术为核心的现代先进技术，生成逼真的视觉、听觉、触觉一体化的虚拟环境，用户可以通过必要的输入 / 输出设备与虚拟环境中的物体进行交互，相互影响，进而获得身临其境的感受与体验。这种由计算机生成的虚拟环境可以是某一特定客观世界的再现，也可以是纯粹虚构的世界。

虚拟现实技术作为一种高新技术，集计算机仿真技术、计算机辅助设计与图形学、多媒体技术、人工智能、网络技术、传感技术、实时计算技术及心理行为学研究等多种先进技术于一体，为人们探索宏观世界、微观世界及不能直接观察的事物的变化规律提供了极大的便利。在虚拟现实环境中，参与者借助数据手套、三维鼠标、方位跟踪器、操纵杆、头盔式显示器、耳机及数据服务器等虚拟现实交互设备，同虚拟环境中的对象相互作用，对虚拟现实中的物体实时进行反馈，产生身临其境的交互式视景仿真和信息交流，其应用如图 3-17 所示。

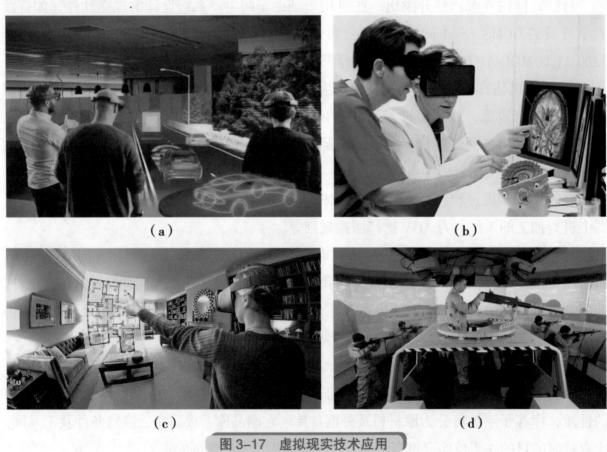

（a）　　　　　　　　　　　　　（b）

（c）　　　　　　　　　　　　　（d）

图 3-17　虚拟现实技术应用

（a）在现实场景呈现虚拟场景信息；（b）虚拟现实辅助医疗；
（c）基于虚拟现实技术的军事模拟训练系统；（d）虚拟现实辅助室内设计

（1）虚拟现实技术的特点

1）沉浸感。虚拟环境中，设计者通过具有深度感知的立体显示、精细的三维音效及触觉反馈等多种感知途径，观察和体验设计过程与设计结果。一方面，虚拟环境中可视化的能力进一步增强，借助新的图形显示技术，设计者可以得到实时、高质量、具有深度感知的立体视觉反馈；另一方面，虚拟环境中的三维音效使设计者能更为准确地感受物体所在的方位，触觉反馈支持设计者在虚拟环境中抓取、移动物体时直接感受物体的反作用力。在多种感知形式的综合作用下，用户能够完全"沉浸"在虚拟环境中，多途径、多角度、真实地体验与感知虚拟世界。

2）交互性。虚拟现实系统中的人机交互是一种近乎自然的交互，使用者通过自身的语言、身体运动或动作等自然技能，就可以对虚拟环境中的对象进行操作。而计算机根据使用者的肢体动作及语言信息，实时调整系统呈现的图像及声音。用户可以采用不同的交互手段完成同一交互任务。例如，进行零件定位操作时，设计者可以通过语音命令给出零件的定位坐标点，或通过手势将零件拖到定位点来表达零件的定位信息。各种交互手段在信息输入方面各有优势，语音的优势在于不受空间的限制，设计者无须"触及"设计对象，就可对其进行操纵，而手势等直接三维操作的优势在于运动控制的直接性。多种交互手段相结合，提高了信息输入带宽，有助于交互意图的有效传达。

3）实时性。衡量虚拟现实系统实时性的指标有两个，其一是动态特性，视觉上，要求每秒生成和显示 30 帧图形画面，否则将会产生不连续和跳动感，触觉上，要实现虚拟现实的力的感觉，必须以 1 000 帧 /s 的速度计算和更新接触力；其二是交互延迟特性，对于人产生的交互动作，系统应立即反应并生成相应的环境和场景，时间延迟应不大于 0.1s。

（2）数字化虚拟制造在制造业的应用

数字化 VMT 已经成功应用于飞机、汽车等工业领域，其应用前景主要集中在以下几个方面。

1）虚拟产品制造。应用计算机仿真技术，对零件的加工方法、工序、工装选用、工艺参数选用，加工及装配的工艺性、配合件之间的配合性、连接件之间的连接性、运动构件的运动性等均可建模仿真。建立数字化虚拟样机是一种崭新的设计模式和管理体系。

虚拟样机基于三维 CAD 而产生。三维 CAD 系统是造型工具，能支持自顶向下和自底向上等设计方法，完成结构分析、装配仿真及运动仿真等复杂设计工程，使设计更加符合实际设计过程。三维造型系统能方便与 CAE 系统集成，进行仿真分析；能提供数控加工所需的信息，如 NC 代码，实现 CAD/CAE/CAPP/CAM 的集成。一个完整的虚拟样机应包含以下内容。

① 零部件的三维 CAD 模型及各级装配体，三维模型应参数化，适合变形设计和部件模块化。

② 与三维 CAD 模型相关的二维工程图。

③ 三维装配体适合运动结构分析、有限元分析、优化设计分析。

④ 形成基于三维 CAD 的 PDM 结构体系。

⑤ 从虚拟样机制作过程中，摸索出定制产品的升发模式及所遵循的规律。

⑥ 三维整机的检测与试验。

以 CAD/CAM 软件为设计平台，建立全参数化三维实体模型。在此基础上，对关键零件进行有限元分析及对整机或部件的运动模拟。通过数字化虚拟样机的建立与使用，帮助企业建立起一套基于三维 CAD 的产品开发体系，实现设计模式的转变，缩短产品推向市场的周期。目前，虚拟样机技术广泛用于航空航天、汽车、机床制造等领域，如图 3-18 所示。

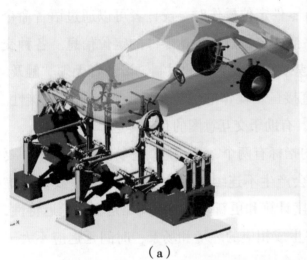
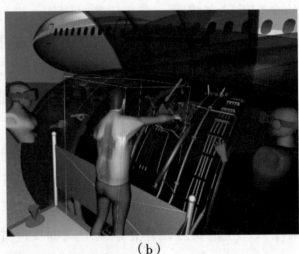

（a）　　　　　　　　　　　　　（b）

图 3-18　虚拟样机技术应用

（a）汽车虚拟样机仿真设计；（b）飞机虚拟样机仿真设计

2）虚拟企业。虚拟企业是一种先进的产品制造方式，采用"两头在内，中间在外"的哑铃形生产经营模式，即产品开发和销售两头在公司内部进行，而中间的机械加工部分通过外协、外购方式进行。

虚拟企业的特征是企业地域分散化。虚拟企业从用户订货、产品设计、零部件制造及装配、销售到经营管理都可以分别由处在不同地域的企业联合制作，进行异地设计、异地制造、异地经营管理。虚拟企业是动态联盟形式，突破了企业的有形界限，能最大限度地利用外部资源，加速实现企业的市场目标。企业信息共享化是构成虚拟企业的基本条件之一，企业伙伴之间通过互联网及时沟通产品设计、制造、销售、管理等信息。这些信息以数据形式表示，能够分布到不同的计算机环境中，以实现信息资源共享，保证虚拟企业各部门步调高度协调，在市场波动条件下，确保企业整体利益最大化。

虚拟企业的主要基础：建立在先进制造技术基础上的企业柔性化，在计算机上完成产品从概念设计到最终实现全过程模拟的数字化虚拟制造和计算机网络技术。上述三项内容是构成虚拟企业的必要条件。

VMT 的主要目标是能够根据实际生产线及生产车间情况进行规模布局，以建模与仿真为核心内容，进行产品的全寿命设计，其有巨大的应用潜力。基于产品的数字化模型实现了从产品的设计、加工、制造到检验全过程的动态模拟，而生产环境、制造设备、定位工装、加工工具和工作人员等虚拟模型的建模，为虚拟环境的搭建奠定了坚实的基础。虚拟制造的关键技术是对产品与制造过程的虚拟仿真，通过仿真，可及时发现生产问题，及时进行生产优化，从而实现提高效率、节约成本的最终目的。

单元 3.8　人工智能技术

情景导入

从 2016 年开始，谷歌公司开发的智能机器人阿尔法围棋（AlphaGo）与世界顶尖围棋选手开展了人机大战。其中，在韩国首尔进行的五番棋比赛中，阿尔法围棋以总比分 4:1 战胜韩国围棋九段棋手李世石；在中国嘉兴乌镇进行的三番棋比赛中，阿尔法围棋以总比分 3:0 战胜当时世界排名第一的中国围棋九段棋手柯洁。这次人机大战为人工智能进行了一次全球科普，是高科技企业对人工智能技术充满"野心"的宣告。

人工智能（Artificial Intelligence，AI）于 20 世纪 50 年代首次提出，人类一直致力于让计算机技术朝越来越智能的方向发展。人工智能是一门涉及计算机、控制学、语言学、神经学、心理学及哲学的综合性学科。同时，人工智能也是一门有强大生命力的学科，它试图改变人类的思维和生活习惯，延伸和解放人类智能，也必将带领人类走向科技发展的新纪元。

3.8.1　人工智能技术的产生及发展

人工智能技术是一门研究和开发用于模拟和拓展人类智能的理论方法和技术手段的

新兴科学技术。智能（intelligence）是人类所特有的区别于一般生物的主要特征，可以解释为人类感知、学习、理解和思维的能力，通常被解释为"人认识客观事物并运用来解决实际问题的能力，往往通过观察、记忆、想象、思维、判断等表现出来"。人工智能正是一门研究、理解、模拟人类智能，并发现其规律的学科。

人工智能是计算机科学的一个分支，通过了解智能的实质，生产出一种新的能以与人类智能相似的方式进行反应的智能机器。该领域的研究包括机器人、语言识别、图像识别、自然语言处理和专家系统等。人工智能的理论和技术日益成熟，应用领域也不断扩大，可以设想，未来人工智能带来的科技产品将会成为人类智慧的"容器"。

人工智能是对人的意识、思维的信息过程的模拟。人工智能不是人类智能，但能像人那样思考，更有可能超过人类智能。人工智能是一门极富挑战性的科学，从事这项工作的人必须懂得计算机、心理学和哲学。总的来说，人工智能研究的一个主要目标是使机器能够胜任一些通常需要人类智能才能完成的复杂工作。

⟨1.⟩ 人工智能技术的产生

人类自诞生以来，就一直致力于发展各种技术，希望能够用机器来代替人的部分劳动。进入 20 世纪后，人工智能相继出现一些开创性的工作。1936 年，年仅 24 岁的英国数学家 A. M. Turing 在一篇名为《理想计算机》的论文中提出了著名的图灵机模型；1950 年，他又在《计算机能思维吗》一文中提出了"机器能够思维"的论述。他的大胆设想和研究为人工智能技术的发展方向和模式奠定了深厚的思想基础。

1956 年，美国达特茅斯大学一次历史性的聚会被认为是人工智能科学正式诞生的标志，人工智能的概念由麦卡锡和几位来自不同学科的专家提出的。至此，人工智能技术开始作为一门成型的新兴学科迅速发展。

⟨2.⟩ 人工智能技术的发展

20 世纪 60 年代以来，人工智能越来越受重视，为了解释智能的相关原理，研究者们相继对问题求解、博弈、定理证明、程学设计等领域的可能性进行深入的研究。几十年来，不仅研究课题有所扩张和深入，还逐渐明确了这些课题共同的基本核心问题，以及它们和其他学科间的相互关系。此后，人工智能的发展进入低潮。

20 世纪 80 年代中后期，人工神经元网络的研究取得了突破性的进展，人工智能进入了一个全新的发展领域。1986 年，Rumelhar 和 Hinton 提出了反向传播算法，解决了多层人工神经元网络的学习问题，掀起了新的人工神经元网络研究热潮，人工智能开始广泛应用于模式识别、故障诊断、预测和智能控制等多个领域。

1997 年 5 月，IBM 公司研制的"深蓝"计算机，以 3.5∶2.5 的比分，在正式比赛中战胜了国际象棋世界冠军卡斯帕罗夫。这个创举在世界范围内引起了轰动，对人工智能的研究起到了相当大的推动作用，世界各国开始大力发展人工智能技术。

2016 年 3 月，谷歌公司开发的阿尔法围棋以 4 : 1 的比分战胜国际围棋大师李世石；2017 年 5 月，在中国乌镇围棋峰会上，它与排名世界第一的世界围棋冠军柯洁对战，以 3 : 0 的比分获胜。人工智能再次用精湛的棋艺征服了世人，让身处大数据时代的人类对人工智能的发展寄予了无限的希望。

3.8.2　人工智能的主要应用领域及其影响

1. 人工智能技术的主要应用领域

人工智能技术是在计算机科学、控制论、信息论、心理学、语言学及哲学等多种学科相互渗透的基础上发展起来的一门新兴学科，主要研究用机器（主要是计算机）来规范和实现人类的智能行为。经过几十年的发展，人工智能已经在不少领域得到发展，在人们的日常生活和学习中也有许多应用。

1）智能感知。智能感知包括模式识别和自然言语理解。人工智能所研究的模式识别是指用计算机代替人类或帮助人类感知的模式，是对人类感知外界功能的模拟，研究的是计算机模拟识别系统，使一个计算机系统具有模拟人类通过感官接收外界信息、识别和理解周围环境的感知能力，让计算机通过阅读文本资料建立内部数据库，可以将句子从一种语言转换为另一种语言，实现对给定的指令获取等。此类系统的目的是建立一个可以生成和理解语言的软件环境。

2）智能推理。智能推理包括问题求解、逻辑推理与定理证明、专家系统、自动程序设计。人工智能的第一个主要成果是国际象棋程序的发展。在象棋应用中的某些技术，如果再往前看几步，可以将很难的问题分为一些比较容易的问题，开发问题搜索和问题还原等人工智能技术。基于此的逻辑推理是人工智能研究中最持久的子领域之一。这就要求人工智能不仅需要解决问题的能力，更要有假设推理和直觉技巧。在此两者的基础上出现的专家系统就是一个相对完整的智能计算机程序系统，它应用大量的专家知识，解决相关领域的难题，经常要在不完全、不精确或不确定的信息基础上得出结论。上述三个功能的实现是实现自动程序的基础。自动程序即让计算机学会人类的编程理论并自行进行程序设计。

3）智能学习。学习能力是人工智能研究中突出和重要的方面。学习更是人类智力的主要标志，是获取知识的基本手段。近年来，人工智能技术在这方面的研究取得了一定的进展，包括机器学习、神经网络、计算智能和进化计算。智能学习是计算机获得智能的根本途径。此外，机器学习有助于发现人类学习的机制，揭示人类大脑皮层的奥秘。

4）智能行动。智能行动是人工智能应用最广泛的领域，也是最贴近生活的领域，包括机器人学、智能控制、智能检索、智能调度与指挥、分布式人工智能与 Agent、数据挖掘与知识发现、人工生命、机器视觉等。智能行动就是对机器人操作程序的研究，从研究机器人手臂相关问题开始，进而获取最佳的规划方法，以获得完美的机器人移动序列为目标，最终成功产生人工生命。

2. 人工智能技术对人类社会的主要影响

（1）取代重复简单劳动力

人工智能技术的崛起将导致"失业潮"的发生已基本成为行业的共识。2016 年，世界经济论坛基于对全球企业战略高管和个人的调查发布报告指出：未来 5 年，随着机器人和人工智能等技术的崛起，将导致全球 15 个主要国家的就业岗位减少 710 万个，2/3 将属于办公和行政人员。得克萨斯州莱斯大学计算机科学教授 Moshe Vardi 同样表示，今后 30 年，计算机可以从事人类的所有工作，他预计，2045 年的人类失业率将超过 50%。

（2）新成员进入社会

一方面，人们迫切希望人工智能代替人类进行各种各样的劳动；另一方面，人们担心人工智能的发展会带来新的社会问题。事实上，近年来，社会结构正在发生从由"人—机器"到"人—智能机器—机器"的转变。因此，人们必须开始学习如何与智能机器共处。

（3）人类容易滋生惰性思维方式

人工智能对知识的掌握是动态的，会不断增加和更新，而且其知识更新的速度远超人类的极限，这势必会影响人类的思维方式，使越来越多的人过度依赖人工智能，从而导致自身主动思维能力的下降。

（4）技术失控

任何技术的最大危险都是人类失去了对它的控制。如果人工智能技术出现技术失控现象，那么这门技术将带来巨大的负面影响。

人类正在发明越来越多的机器人与人工智能设备，如智能手机，它已经成为人类的忠实助手。许多工作将会被智能机器人取代，人类可以更加舒适、轻松、智慧地生活。人类始终善于利用机器人的优势并弥补其不足，或用新的机器人来淘汰旧的机器人；反过来，人类也可以依靠机器人的力量来实现自身能力与智慧的增长。人工智能的存在一定会是人类自身变得更加智能。

单元 3.9　工业大数据技术

情景导入 →

　　奥的斯（OTIS）电梯公司在 1995 年就开始利用监控数据对电梯进行远程维护。为了避免电梯故障的发生，OTIS 组建了一个庞大的维护人员团队，对每个城市的 OTIS 电梯进行定期巡检，这产生了高昂的人力成本。随着大数据技术的发展，OTIS 开始通过远程电梯维护系统监控每一台电梯的平均开门时间和电气设备的重要参数，判断电梯发生故障的风险，为维护团队提供巡检的优先级排序和预防性维护决策支持，在承担较低的人力成本条件下最大限度地避免了电梯故障。

　　中联重科是国内领先的工程机械、农业机械等装备研发制造商，为全球 100 多个国家的客户创造价值。中联重科在利用大数据平台实现智能化转型的升级之路上不断探索。在部署 Cloudera 企业级之后，中联重科利用该系统把数据采集到大数据平台上，公司不仅整合了企业的各个数据链条，还实现了对外提供产品，有效降低了自身服务成本，提升了设备租赁服务、二手设备交易及零配件销售等后市场的服务收益，实现了向"产品在网上、数据在云上、服务在掌上"的新商业模式的转型升级。

　　2008 年 9 月，*Nature* 上发表了文章 *Big Data: Science in the Petabyte Era*，此后，人们开始关注大数据的发展。2011 年 6 月，美国著名咨询公司麦肯锡发布的一份关于大数据的研究报告，定义了大数据的内涵，即无法用现有的软件工具提取、存储、搜索、共享、分析和处理的，海量的、复杂的数据集合，其特点是数据量大、输入和处理速度快、数据具有多样性、价值密度低等。这份报告引起了各行各业对大数据的重视。

　　工业大数据是一个全新的概念，以字面层次进行理解，就是指在工业领域信息化应用中所产生的大量数据。随着信息化与工业化的深度融合，信息技术逐渐应用于工业企业生产过程的各个环节。CAD/CAM/CAE/CAI、RFID、ERP、条形码、二维码、传感器、自控系统和工业物联网等相关技术在工业企业中得到广泛应用，特别是互联网、移动互联网、物联网等新一代信息技术逐步应用于工业领域，使工业企业进入了互联网工业的发展阶段，制造企业的运营越来越依赖信息技术。制造业的整个价值链及产品的整个生命周期涉及诸多数据。据麦肯锡公司统计，制造业的行业数据存储量远远超过其他行业数据量的总和。

3.9.1 工业大数据的特征

工业大数据除具有一般大数据的特征（数据量大、多样性、快速性和价值密度低）外，还具有时序性、强关联性、准确性、闭环性等特征。

1. 数据量大

数据量的大小决定了数据的价值和潜在的信息。工业数据体量比较大，大量机器设备的高频数据和互联网数据持续涌入，大型工业企业的数据集将达到 PB 数量级甚至 EB 数量级。

2. 多样性

多样性指数据类型和来源的多样性。工业数据广泛分布于机器设备、工业产品、管理系统、互联网等各个环节，并且结构复杂，既有结构化和半结构化的传感数据，又有非结构化数据。

3. 快速性

快速性指获得和处理数据的速度快。工业数据处理速度需求多样，生产现场要求数据处理分析时间达到毫秒级，管理与决策应用需要支持交互式或批量数据分析。

4. 价值密度低

工业大数据更强调用户价值驱动和数据本身的可用性，包括提升创新能力和生产经营效率，以及促进个性化定制、服务化转型等智能制造新模式变革。

5. 时序性

工业大数据具有较强的时序性，如订单、设备状态数据等。

6. 强关联性

一方面，产品生命周期同一阶段的数据具有强关联性，如产品零部件组成、工况、设备状态、维修情况、零部件补充采购等；另一方面，产品生命周期中的研发设计、生产、服务等不同环节的数据之间需要进行关联。

7. 准确性

准确性主要指数据的真实性、完整性和可靠性，更加关注数据质量，以及处理、分析技术和方法的可靠性。对数据分析的置信度要求较高，仅依靠统计相关性分析不足以支撑故障诊断、预测预警等工业应用，需要将物理模型与数据模型相结合，挖掘因果关系。

⟨8.⟩ 闭环性

闭环性包括产品全生命周期横向过程中数据链条的封闭和关联，以及智能制造纵向数据采集和处理过程中，支撑状态感知、分析反馈、控制等闭环场景下的动态持续调整和优化。

工业大数据作为大数据的一个应用行业，在具有广阔应用前景的同时，对传统的数据管理技术与数据分析技术也提出了很大的挑战。

3.9.2　大数据与新一代智能工厂

消费需求的个性化要求传统制造业突破现有生产方式与制造模式，处理和挖掘消费需求所产生的海量数据与信息，同时，非标准化产品的生产过程中也会产生大量的生产信息与数据，需要及时收集、处理和分析，用来指导生产。这两方面的大数据信息流最终会通过互联网在智能设备之间传递，由智能设备来分析、判断、决策、调整、控制并继续开展智能生产，从而生产出高品质的个性化产品。可以说，大数据是构成新一代智能工厂的重要技术支撑。智能工厂中的大数据，是信息与物理世界彼此交互与融合的产物。大数据应用将带来制造企业创新和变革的新时代，在传统的制造业生产管理信息数据的基础上，结合物联网等感知的物理数据，形成智能制造时代的生产数据私有云，创新制造业企业的研发、生产、运营、营销和管理方式，带给企业更快的速度、更高的效率和更敏锐的洞察力。

单元 3.10 云计算

情景导入 →

2015 年，春运火车票售卖量创下新高，铁路系统运营网站 12306 却并没有出现明显的卡滞，这与铁路系统和阿里云的合作密不可分。余票查询环节的访问量占 12306 网站的约九成流量，这也是往年网站拥堵的主要原因之一。12306 把余票查询系统从自身后台分离出来，在"云上"独立部署了一套余票查询系统。把高频次、高消耗、低转化的余票查询环节放到云端，将下单、支付这种"小而轻"的核心业务留在 12306 自己的后台系统，这种分流措施极大地减轻了系统的压力，也让消费者能够顺利下单购买车票。

3.10.1 云计算的概念

云计算（Cloud Computing）是基于互联网相关服务的增加使用和交付模式，通常涉及通过互联网来提供动态易扩展且经常是虚拟化的资源。美国国家标准与技术研究院对云计算定义如下：云计算是一种按使用量付费的模式，这种模式提供可用的、便捷的、按需的网络访问，进入可配置的计算资源（包括网络、服务器、存储、应用软件、服务）共享池，这些资源能够被快速提供，且只需投入很少的管理工作，或与服务供应商进行很少的交互，如图 3-19 所示。

云计算是分布式计算、并行计算、效用计算、网络存储、虚拟化、负载均衡、热备份冗余等传统计算机和网络技术发展融合的产物。

云计算甚至具有每秒 10 万亿次的运算能力，可以模拟核爆炸，预测气候变化和市场发展趋势。用户通过计算机、手机等方式接入数据中心，按自己的需求进行运算即可。

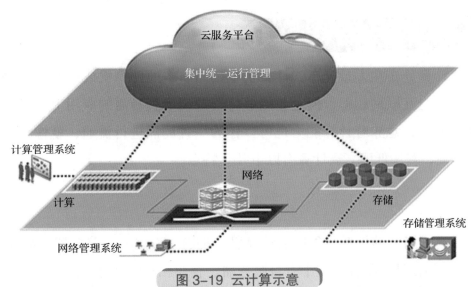

图 3-19 云计算示意

　　云计算的出现降低了用户对客户端的依赖。之前为了完成某项特定任务，往往需要使用某个特定的软件公司开发的客户端软件，在本地计算机上完成。这种模式信息共享非常不方便，如一个工作小组需要几个人共同起草一份文件，传统模式是每个小组成员单独在自己的计算机上处理信息，再将每个人的分散文件通过邮件或闪存盘等形式与同事进行信息共享，如果小组中某位成员要修改某些内容，则需要反复和其他同事共享信息和商量问题，效率很低。

　　云计算的思路则截然不同。它把所有任务搬到了互联网上，小组中的每个人只需用一个浏览器就能访问共同起草的文件，这样，如果 A 做出了某个修改，B 只需要刷新页面，即可看到 A 修改后的文件。这样，信息的共享相对于传统模式来说更加便捷。

　　利用云计算技术，文件可以统一存放在服务器上，成千上万的服务器会形成一个服务器集群，也就是大型数据中心。这些数据中心之间采用高速光纤网络连接。这样，全世界的计算能力就如同天上飘着的一朵朵云，它们之间通过互联网连接，如图 3-20 所示。有了云计算，很多数据都存放到了云端，很多服务也都转移到了互联网上，这样，只要有网络连接，就能够随时随地访问信息、处理信息和共享信息，而不再是做任何事情都仅仅局限在本地计算机上。

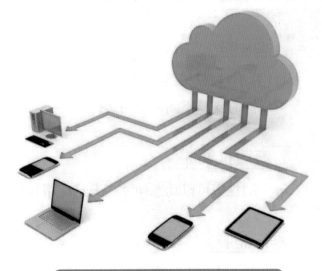

图 3-20　联网设备共享云端资源

3.10.2 云计算的特点

云计算使计算分布在大量分布式计算机上，而非本地计算机或远程服务器中。企业数据中心的运行与互联网相似，使企业能够将资源切换到所需的应用上。根据需求访问计算机和储存系统，意味着计算能力也可以作为一种商品进行流通，就像煤气、水、电一样，取用方便，费用低廉。云计算有以下几个特点。

1. 超大规模

云计算具有相当大的规模，谷歌云计算已经拥有 100 多万台服务器，Amazon、IBM、微软、Yahoo 等的云计算都拥有几十万台服务器。企业私有云计算一般拥有数百上千台服务器，云计算能赋予用户前所未有的计算能力。

2. 虚拟化

云计算支持用户在任意位置使用各种终端获取应用服务，所请求的资源来自"云"，而不是固定的有形的实体。应用在"云"中某处运行，用户无须了解，也不用担心应用运行的具体位置。用户只需要一台计算机或一部手机，就可以通过网络服务来得到所需的服务，甚至完成超级计算这样的任务。

3. 高可靠性

云计算使用了数据多副本容错、计算节点同构可互换等措施来保障服务的高可靠性，使用云计算比使用本地计算机可靠。

4. 通用性

云计算不针对特定的应用，在"云"的支撑下可以构造出千变万化的应用，同一个"云"可以同时支撑不同的应用运行。

5. 高可扩展性

"云"的规模可以动态伸缩，满足应用和用户规模增长的需求。

6. 按需服务

"云"是一个庞大的资源池，可按需购买，像水、电、煤气那样计费。

7. 极其廉价

云计算的特殊容错措施可以采用极其廉价的节点来实现。其自动化集中式管理使大量企业无须负担日益高昂的数据中心管理成本，其通用性使资源的利用率较之传统系统大幅提升。因此，用户可以充分享受其低成本的优势。

8. 潜在的危险性

云计算除提供计算服务外，还提供存储服务。但是，云计算服务当前垄断在私人机构（企业）手中，而它们仅仅能够提供商业信用。政府机构、商业机构（特别像银行这样持有敏感数据的商业机构）在选择云计算服务时应保持足够的警惕。一旦商业用户大规模使用私人机构提供的云计算服务，无论其技术优势有多强，都不可避免地会让这些私人机构以"数据（信息）"的重要性来挟制整个社会。在信息社会，信息是至关重要的。虽然云计算中的数据对于数据所有者以外的其他用户而言是保密的，但是对于提供云计算的机构而言，确实毫无秘密可言。这些潜在的危险是商业机构和政府机构选择云计算服务，特别是国外机构提供的云计算服务时，不得不考虑的一个重要因素。

3.10.3 云计算应用：云制造

云计算是智能制造的重要领域。制造企业所管理的大量数据与云计算平台相结合，衍生出了另一个概念——云制造。

云制造是先进的信息技术、制造技术及物联网技术等交叉融合的产品，是制造即服务理念的体现。云制造依据包括云计算在内的当代信息技术前沿理念，支持制造业利用当下环境中广泛的网络资源，为产品提供高附加值、低成本和全球化制造的服务。云制造将实现对产品开发、生产、销售、使用等全生命周期的相关资源的整合，提供标准、规范、可共享的制造服务模式。

云制造为制造业信息化提供了一种崭新的理念与模式，其应用是一个长期渐进的过程。云制造的发展面临着众多关键技术的挑战，除云计算、物联网、高性能计算，以及嵌入式系统等技术的综合集成外，基于知识的制造资源云端化、制造云管理引擎、云制造的应用协同、云制造可视化技术与用户界面等技术均是未来需要攻克的重要技术。

单元 3.11　工业云

华新水泥是中国水泥行业的鼻祖，曾为三峡大坝等多个著名建筑工程供应过水泥。目前，华新水泥在全球拥有 150 多个生产基地，业务已拓展到混凝土、装备制造、环保、新材料等多种业务，拥有独立研发、设计、制造各种水泥生产设备的能力。华新虽然数字化转型动作很快，但还是遇到了统筹管理全球工厂的难题。2019年 9 月，华新水泥与华为开展合作，开始将业务上云，从线下迁移到华为云后，华新水泥与子公司、各个业务系统之间的协同效率大大提升，仅每年的运维成本就可节约至少 30%。

3.11.1　工业云的概念

工业云是充分利用云计算、物联网、大数据等新一代信息技术，结合资源及能力，整合手段，汇集各类加快新型工业化进程的成熟资源，面向工业企业，通过网络将弹性的、可共享的资源和业务能力，以按需服务方式供应和管理的新型服务模式。工业云平台如图 3-21 所示。

工业云面向工业产品研发设计、生产、销售等全生命周期，将所需制造资源和制造能力池化整合，为工业企业方便、快捷地提供各种制造服务，以实现社会制造资源的共享与制造能力的协同。在工业云模式下，服务提供者与服务使用者的角色并不固定。服务提供者向工业云贡献制造资源、制造能力、制造技术和知识，同时，也可以从工业云获取所需的制造资源、制造能力、制造技术和知识以开展活动。面对工业用户的需求，工业云通过解决方案契合，合理调度用户所需的服务，推动从以订单和产品为中心的传统制造模式向以需求为中心的制造模式转变，实现新的工业转型升级。

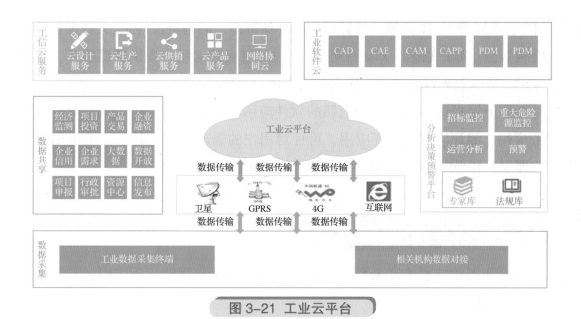

图 3-21　工业云平台

3.11.2　工业云的架构

工业云在云计算模式下对工业企业提供 IT 服务，使工业企业的社会资源实现共享化，它是传统云、专业的工业软件和定制化管理系统的结合。

工业云与云计算的架构相同，如图 3-22 所示，由基础设施即服务层、平台即服务层、软件即服务层组成。

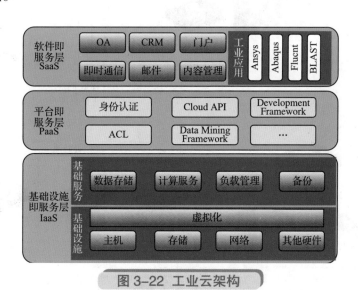

图 3-22　工业云架构

基础设施即服务层包含云计算的基础设施和工业制造的基础设施，通过工业云可向外提供基础设施服务。它为工业云的平台即服务层和软件即服务层的运行提供基础的设施支撑。

平台即服务层包括制造资源（智能机器人、3D 打印、智能仪表等）、工业软件（CAX、

MES、ERP、PLM 等）、IT 资源（计算资源、存储资源、网络资源等）、大数据资源（设备数据、物料数据、客户数据、知识库等），不仅可以直接向用户提供资源服务，也可以通过软件应用将资源服务封装之后，作为应用向用户提供。

软件即服务层提供制造全生命周期的软件应用，包括营销应用、研发应用、生产应用、服务应用、测评应用、仿真应用，可针对用户的需求提供各种不同的应用，也可将基础设施即服务和平台即服务进行封装，向外提供软件应用服务。

3.11.3 工业云的应用

从云计算和工业技术角度来看，工业云的应用包括云存储、云应用、云制造、云社区、云设计、云管理。

1. 云存储

云存储是工业云基于互联网或者分存布式存储理论提供的存储解决方案。该服务提供面向工业智能化应用需要实施的查询、实时监管、仿真、渲染、量级归档、流程化或离散化工作逻辑集中的存储服务，如图 3-23 所示。

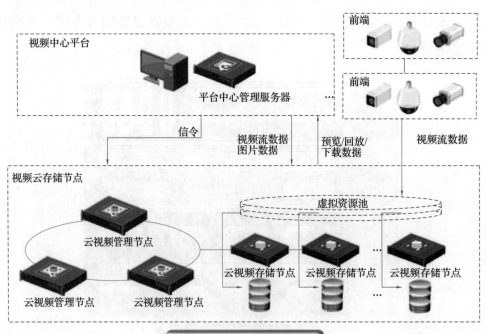

图 3-23 云存储示意

云存储提供给企业分散、分步、分时、分区域的灵活存储方式，并在工业企业生产组织整个生产周期中提供对数据的整体管理、灵活调用。云存储的按需交付、成本低廉、灵活定制、扩展自如等特性，使工业企业或工业智能应用专注生产制造、智能化支撑的核心业务，而无须为复杂、逻辑烦琐、权限横向集成要求高的存储业务投入成本。

2. 云应用

云应用通过资源整合、能力池化进一步实施产品化特征封装集群化服务。云应用服务在集成工业资源、工业能力过程中，面向工业企业的宽泛、个性需求，形成产品化落实。

云应用不仅包括一系列通用型的信息化管控服务，如企业管理、企业在线营销、企业信息化、协同办公等，还包括一系列面向工业生产制造的专项服务，如生产制造智能化支撑、设备运行优化、PDM、CAD、CAM、在线 3D 打印服务、工业管理、制造执行、质量管理、供应链、产品管理、设备远程维护、能源管理、环节管理等。

云应用可以把传统软件"本地安装、本地运算"的使用方式变为"即取即用"的服务方式，通过互联网或局域网连接并操控远程服务器集群，完成业务逻辑或运算任务。云应用不仅可以帮助用户降低 IT 成本，还能大大提高工作效率。

3. 云制造

云制造是先进信息技术、制造技术及新兴物联网技术等交叉融合的产物，是"制造即服务"理念的体现。它采取包括云计算在内的当代信息技术前沿理念，支持制造业在广泛的网络资源环境下，为产品提供高附加值低成本和全球化制造的服务。云制造提供的服务覆盖计划、排程、制造、质量、能源、设备、库存等各个环节，保证生产制造过程高效、高质、低耗、灵活、准时。云制造的运行原理如图 3-24 所示。

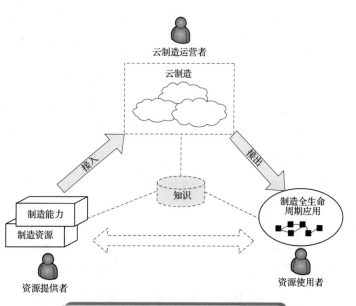

图 3-24　云制造的运行原理

从图 3-24 可以看出，云制造系统中的用户角色主要有三种，即资源提供者、云制造运营者、资源使用者。资源提供者对产品全生命周期过程中的制造资源、制造能力进行感知、虚拟化接入，将其以服务的形式提供给第三方运营平台（云制造运营者）；云制造运营者主要实现云服务的高效管理、运营等，可根据资源使用者的应用请求，动态、灵活地为资源使用者提供服务，资源使用者能够在云制造运营平台的支持下，动态按需使用各类应用服务（接出），并能实现多主体的协同交互。在云制造运行过程中，知识起着核心支撑作用。知识不仅能够为制造资源和制造能力的虚拟化接入和服务化封装提供支持，还能为实现基于云服务的高效管理和智能查找等功能提供支持。

4. 云社区

云社区是工业云集合各个工业产业内外的应用厂商、用户、专家，以灵活多样的形式，实施知识库收集、经验分享、专业化咨询和权威辅导的在线交流平台。同一主题的社区集中了具有共同需求的访问者。

云社区可以向企业用户推送消息，使企业用户随时随地了解最新的行业政策，知晓国内外的行业动向。用户和企业可以在社区发布相关信息、需求、问题，从拥有直接经验或权威理论的用户、企业、专家处得到帮助。云社区旨在打造面向新时期工业产业知识汇集的社区化虚拟空间，在知识汇集的基础上，整合专业化服务和资源，向工业企业提供供需对接和资源共享服务，包括企业资源信息发布、供需对接、企业沟通社交、设计标准、零部件库存、设计案例、培训教程等。

5. 云设计

云设计服务于产品研发，为工业企业整体提升研发水平、创新竞争力提供支持。它通过聚合顶端的设计资源和设计人才，打造工业设计仿真验证快速成形全流程设计服务，推行网络化协作及众包的设计模式，从技术角度实现 CAD、CAE 等先进设计工具同生产制造的有机融合。云设计以云计算的理论为指导，按需租用，将设计软件及周边辅助类应用提供给工业企业，辅以社区专家技术指导，使企业能够在成本可控的前提下，方便、快捷地完成专业化产品的创新研发设计，可以显著缩短研发周期，提高研发效率。利用协同设计模式，云设计也能将企业外部的设计能力引入产品设计，使企业更好地利用外部智力，提升自身产品竞争力。

6. 云管理

云管理是指借助云计算和其他相关技术，通过集中式管理系统建立完善的数据体系和信息共享机制。工业云通过资源与能力的整合，将通常意义上的云服务资源管理与企业管理应用进行合并，并封装为云管理应用。云管理应用互联网、云计算等新兴技术所带来的创新型管理模式，以实现经营管理优化为目的，提升总体管理的信息化与自动化程度。云管理平台服务中，用户可以实现对各种云资源和云服务的运维管理，包括资源管理、服务管理、用户管理、权限管理、费用查询和支付管理等功能。同时，云管理打破了传统的组织局限，突破了时空局限、资源局限，进一步整合企业资源管理、客户关系管理、制造执行管理、财务管理、进销存管理、成本管理等应用软件，帮助企业构建云端管理新模式。

模块 4

智能制造应用

在先进科学技术的引领下，我国制造业呈现出欣欣向荣之态势，国际竞争力不断增强。目前，中国已成为全球第二大经济体，且极有可能成为"第五个"世界制造中心。但与欧美发达国家相比，由于不少核心技术缺失，我国制造业目前总体处于产业链下游，加之加工质量还存在改善空间，因此我国制造业仍需要跨越式发展。此外，考虑制造成本、人力资源及周边国家的产业升级状况，大力推进工业4.0智能制造技术就更加显得刻不容缓。

2020年，智能制造领域有九大核心技术值得重点关注，分别是制造物联网、云计算、工业大数据、工业机器人、3D打印（增材制造）、知识工作自动化、工业网络安全、虚拟现实和人工智能。这些技术实施的根本目的是通过数字化仿真技术来完成制造装备、制造系统及产品性能的科学定量分析，进而将严谨客观的科学论证分析过程引入制造工艺分析设计，从而最终实现产品表达数字化、制造装备数字化、制造工艺数字化、制造系统数字化。

单元 4.1 智能电子标签定位检测

情景导入 →

英飞凌公司是全球较大的半导体制造商之一，其汽车电子产品生产部门的量产在全球汽车电子产品产量排行第二位。汽车电子产品的需求不断变化，要求生产制造过程更具灵活性。而在半导体芯片生产流程进入测试阶段之前，生产步骤已经多达400余步，所以英飞凌公司亟需一套可监控的、能够灵活调整生产流程的、满足不同产品生产需求的生产线控制解决方案。基于上述原因，英飞凌公司启用 Lot Track 系统。本单元以瑞士创新型智能自动化公司 Intellion 的智能定位解决方案 Lot Track 为例，阐述智能自动化技术对半导体集成电路（Integrated Circuit，IC）制造过程中晶圆制造流程的改善。

半导体 IC 制造产业拥有全球先进的制造技术与设备，半导体芯片制造规模已经进入大批量、快速制造阶段。半导体芯片制造过程异常复杂，所以半导体 IC 制造迫切需要向智能制造转型升级。

半导体组件制造过程可分为晶圆制造（wafer fabrication）、晶圆针测（wafer probe）、封装（packaging）、测试（test）四个步骤。其中，晶圆制造主要是指在硅晶圆上制作电路与电子组件，这是半导体 IC 制造过程中所需技术最复杂且资金投入最多的一个步骤。例如，每个硅晶圆片的制造过程包括几百个步骤，涉及大量机械设备。大型半导体厂商通常配备完善的自动制造控制系统，可以使晶圆载具（wafer carrier）在生产线上自动流转，大型生产车间可能包含上千晶圆载具，所以单个晶圆载具位置的确定与跟踪是实现晶圆制造及半导体 IC 制造过程智能化的首要问题。

晶圆载具自动跟踪监测的技术解决方案是室内定位技术，定位数据存储在中央数据库中，作为制造集成系统（Manufacturing Execution System，MES）的一部分。

Lot Track 系统应用无线传感与无线通信技术实现产品的定位、生产信息通信传递，以及辅助操作人员决策的功能，达到控制生产的目标。Lot Track 系统的应用可以提高晶圆制造流程的生产制造物流能力，提高操作人员的工作效率，以及改善总体生产制造的灵活性。该系统主要由以下三个部分构成。

1. 电子标签

电子标签（DisTag）是智能传感设备，它被放置在每一个晶圆载具上，主要实现两个功能：第一，实现晶圆载具在生产过程中的全程高精度实时定位，精度可以达到 0.5 m；第二，实现与操作人员间的通信功能，达到全程监控生产过程的目的。此外，电子标签包含一个信号显示装置，如 LED 或智能标签 flipdot，便于查找产品位置。该信号显示装置具有低功耗特性，电池更换周期约为两年。

2. 天线模块

天线模块（antenna module）是无线通信装置。天线通常放置于车间顶棚，并且在无尘车间实现有规则的布局，以达到全生产区域可以无障碍通信的目的。

3. 控制软件

控制软件（control suite）是联系生产监控过程与制造执行系统的纽带。该软件提供了全部的运输与存储过程的可视化功能。

Lot Track 系统提供的解决方案要解决产品电子标签与控制系统之间无线通信的定位精度、数据传输速度，以及全生产空间覆盖的问题。Lot Track 系统所面临的技术挑战是，生产车间的墙壁、产品设备、仓储货架等障碍物对通信信号电磁波的反射效应会直接影响无线通信质量。所以，Lot Track 系统采用 RFID 技术与超声技术相结合的方式实现产品定位与监测。

Lot Track 系统的硬件主要包括电子标签与天线模块两部分。位于晶圆载具上的电子标签组成如下，如图 4-1 所示。

1）1 个 LED 显示灯，用于标识晶圆设备状态。

2）1 个低功耗液晶显示屏，显示晶圆载具，以及相关生产信息。这取代了传统的纸质信息保存方式，实现了生产过程的无纸化控制，向环保节能的绿色智能工厂升级。

3）4 个机械按键，可供操作人员使用。

4）1 个超声传感器，用于接收天线发射的超声信号。

5）1 个机械翻转点，用于指示操作人员动作。

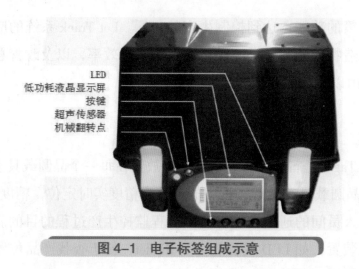

图 4-1　电子标签组成示意

　　为了降低安装成本，天线模块集成了一个射频天线及三个超声发射器，它们有规则地分布于车间顶棚，以保证每个电子标签随时可以接收至少来自三个超声发射器的信号。

　　Lot Track 系统架构示意如图 4-2 所示。超声信号发射器周期性地发射网络诊断信号（ping signal）。电子标签接收超声信号，计算并临时存储超声信号的路由时间、信号强度，通过射频通信，电子标签分析数据并且传回天线模块。天线模块将数据传回中央服务器，算法根据实时数据信息计算出晶圆载具的定位信息。

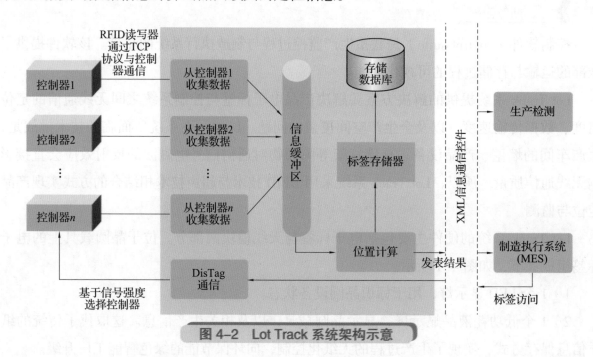

图 4-2　Lot Track 系统架构示意

　　晶圆的生产过程是根据调度表组织的。Lot Track 系统向操作人员提供了晶圆载具的具体位置信息，如"走廊 A，2.7 m"，操作人员通过远程控制 LED 显示灯闪烁，使晶圆在生产线上的位置清晰可辨。系统检测晶圆载具的状态（运动还是静止），再由操作人员决定是等候它自动传送，还是进行人工搬取。操作人员获得晶圆后，将其放入机器内，并按系统指示执行下一生产步骤，生产过程信息仍由 RFID 信号向系统实时传送。整个生产过程在实时监控下完成。

例如，英飞凌公司的生产车间安装了100部控制器，超过1 000个电子标签，服务器每天收到并且处理30亿条由电子标签发送的距离测量信息，计算27亿的位置信息，位置精度达到30 cm。系统基本可以做到实时定位，时间滞后不超过30 s，实际运行数据可以达到每10 s更新一次。

通过本案例，我们可以得到如下启示。

1）对于晶圆生产商，由于产品种类繁多，生产商更需要智能的、可以根据客户需求灵活调整生产过程的生产流程解决方案，而不是传统的固定的大规模生产模式。

2）高精度的室内定位技术通常需要综合运用现代化的技术手段，如英飞凌公司的超声与射频技术就是协同进行的。

3）智能技术在生产制造中的应用，应该满足系统管理有效性和最大化的生产管理目标。

4）客户需要长期的技术支持。因此，智能化生产过程解决方案的制定与实施一定要和客户现场系统相协调。系统兼容是实现智能化解决方案的一个重要考量因素。

单元 4.2　西门子双星轮胎智能化技术解决方案

情景导入 →

创立于1847年的西门子股份公司（简称西门子公司）是全球领先的技术企业，西门子公司业务遍及全球200多个国家与地区，专注于电气化、自动化和数字化领域。2015年，西门子公司深化与全球领先的铝合金汽车零配件制造商——中信戴卡股份有限公司（简称中信戴卡）的合作，为其提供完整的数字化企业解决方案，即以PLM、MES和全集成自动化（Totally Integrated Automation，TIA）为核心的西门子数字化企业软件套件，以及相关的电气及信息化工程服务和技术支持，以帮助中信戴卡打造真正的数字化工厂。

西门子双星轮胎智能化技术解决方案的设计参考ISA-95（企业系统与控制系统集成国际标准），对企业架构层级进行定义，全面构建各个层级的能力，打造全新的智能工厂。智能工厂的功能示意如图4-3所示。

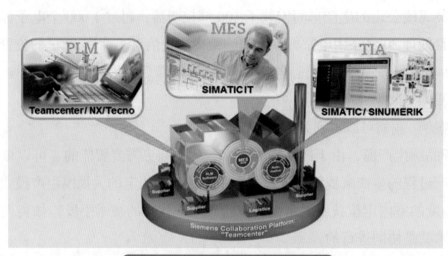

图4-3　智能工厂的功能示意

1. 建设数字化工厂的关键因素

1）先进的工厂管理理念：数字化工厂的建设需要采用先进的生产管理模式，并结合公司自身的生产特点进行突破和创新，实现生产管理的敏捷制造、准时交货、精益高效和质量至上的目标。

2）敏捷制造：要求数字化工厂能够敏捷响应市场需求的变化，具有支持多品种、小批量生产的动态调整能力。

3）准时交货：要求数字化工厂能够有效缩短产品的研发、生产周期，做到按照用户要求的交货期保质保量完成任务。

4）精益高效：要求数字化工厂追求精益的生产率和管理能力，通过精细化管理，以最小的投入达到最大的产出。

5）质量至上：要求数字化工厂通过全过程在线质量监控及六西格玛质量管理，实现一次性成功投产并满足用户对产品的质量要求。

6）PLM：在数字化工厂内部，涵盖产品制造及装配前期评估、工艺设计、工艺仿真、工厂布局模拟、虚拟生产线运行、工艺信息发布及制造运营管理。

7）产品制造及装配前期评估：提前介入参与设计工作，提前进行虚拟工艺验证和评估工作。

8）工艺设计体现为基于知识和流程驱动的工艺规划及结构化工艺设计，覆盖多种专业工艺设计工作，支撑零件加工工艺、数控工艺、特种工艺、热处理工艺、装配工艺、大修工艺和试车工艺等的全三维工艺设计能力。以工序、工步为对象，直接基于产品搜索进行工艺编制、数控加工、质量检验，实现数字化设计、工艺信息传递及全三维结构化工艺编制与管理。

9）工艺设计仿真：支持通过工艺仿真进行工艺验证和优化。零件加工仿真主要是数控加工仿真和虚拟机床仿真、装配产品仿真、人机工程仿真等。

10）三维工厂：基于 Web 的在线作业指导，直接从 Teamcenter 服务器获取工艺内容，展示内容包括工艺结构、工序流程图、操作描述、零组件配套表、工艺资源和三维模型。三维模型包含对应的工序组合视图。

11）车间布局及物流优化：建立三维数字化车间或工厂的资源布局，包括工厂中所用的各种资源，通过三维工厂设计能清晰了解工厂设计、布局与安装过程；具备物流优化生产线评估能力，验证安装操作可达性，进行装配过程路径分析和物料搬运过程模拟仿真等。

12）虚拟试运行调试：提供虚拟工厂模型，与真实的工厂控制器（如 PLC 和 HMI）进行连接，便于来自不同领域的工程师（如设计和控制）使用公共模型一起进行工作，在物理实施完成前，PLC 编程可以进行虚拟测试，进行生产线的虚拟验证和提前测试。工艺知识库是指积累经过验证的典型工艺知识，建立典型零件的普通加工、数控加工、铸造、锻造、表面热处理、装配、试车、检验工艺的知识库。

13）MES：通过该系统实现自动 / 柔性化生产线与 PLM 和 ERP 的连接和贯通。MES 部分主要包含智能排程、生产计划、物料管理、质量管理、设备管理和能源管理等功能模块。

14）制造执行管理：面向制造企业车间执行层的生产信息化管理系统，可以为企业提供包括制造数据管理、计划排程管理、生产调度管理、库存管理、质量管理、人力资源管理、工作中心 / 设备管理、工具工装管理、采购管理、成本管理、项目看板管理、生产过程控制、底层数据集成分析及上层数据集成分解等管理模块。

15）智能排程：自动接收 ERP 下发的销售订单，并依据设备产能、物料信息、人员信息、设备日历、工序约束关系等进行智能分析和排程，并将排程结果传递给 MES 计划模块，最终到达班组和机台。

16）生产计划：包含密炼车间、压延车间、成型车间和硫化车间的计划管理，自动接收排程模块的排程结果。

17）物料管理：包含物料主数据、物料清单等，具有物料追溯功能，满足轮胎的胶料、半成品和胎坯的追溯要求。

18）质量管理：包含质量标准和模板管理，过程质量收集，展示均匀性、动平衡等质检设备的信息集成工作。

19）设备管理：包含设备台账、设备基准、设备点 / 巡检、设备润滑和设备综合分析等内容。

20）能源管理：包含水、蒸气、电的数据收集，以及能源统计分析。

2. 智能工厂的体系架构

1）设备监控与数据采集（Supervisory Control and Data Acquisition，SCADA）：具备实时数据采集、信息显示、设备控制、报警处理、历史数据存储及显示（趋势）等能力。

2）工业网络（industry network）：主要是指构造整个生产现场的网络，能实现设备互联互通，同时与办公网络连接，建立企业整体网络环境，未来根据需要连接到互联网，建立广义的企业网络环境。

3）物流自动化（Logistics automation systems）：包括仓储自动化、仓储到车间的物流自动化、车间内物流的自动化等。

4）生产线自动化（automation）：主要实现各种设备、工装、工具、测量仪器等的自动化、联网和数据的实时采集等，将引入工业控制 PLC、新一代工业机器人、工位终端 HMI、现场总线、传感器、物料射频识别、全集成自动化（终端监控及数据收集，TIA&WINCC）、先进数控机床和先进生产线等。通过上述组件可以帮助能源装备制造企业打造软件与软件互联、软件与硬件互联的解决方案。软硬件互联互通示意如图 4-4 所示。

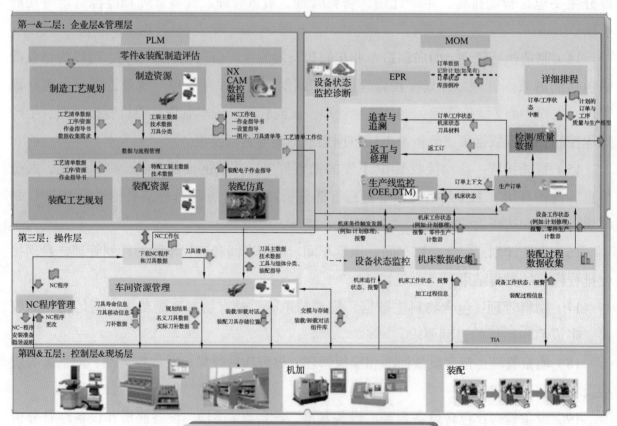

图 4-4　软硬件互联互通示意

3. 解决方案的内容

1）企业层和管理层：这主要是指产品研发 PLM 和企业管理 ERP 层面，尤其是应用 PLM 中的数字化制造技术，实现工厂的数字化建模和仿真分析，并基于虚拟工厂展现和操作生产。这两个层级为数字化工厂奠定基础，通过产品全生命周期的数字制造和虚拟制造实现工程信息化，通过 ERP 和综合管理平台打造管理信息数字化。在车间层的技术与生产管控方面，通过工艺评估、工艺设计及仿真实现工厂的指导思想的数字化，通过工厂规划支撑车间优化和生产线优化，通过新型仓储管理自动调度物料和运送物料，通过生产运营管理实现生产订单、在制品、质量、设备利用率、工装、刀具及物料等的全方位管控。

2）操作层：操作层主要是执行和发布各种生产指令，实现产品、工艺、设备、测量仪器等各种数据的传递和采集。图 4-4 中的第三层到第五层需要全面采用工业网络实现其统一联网，并最终与第一层和第二层的局域网贯通，为网络化工厂奠定基础。

3）控制层和现场层：这里主要通过接收操作层的指令来实现现场层的各种硬件的自动化控制和驱动，确保其准确执行。现场部分主要是生产线现场的各种设备、工装、工具、测量仪器和物流设施等。

在上述五层架构下，该解决方案设计的数字化工厂将通过制造评估、工艺设计、生产运营管理、全集成自动化控制及生产线的构造，开展业务活动并协同工作。未来的工作流程可描述如下。

1）制造前期评估：主管工艺人员负责使用数字化手段提前介入设计工作，在设计早期进行可制造性评估，达到设计工艺并行工作，同时数字化将作为重要手段来验证工艺可行性和制造可行性。

2）工艺规划：主管工艺人员接收设计部门下发的设计数据，确定工艺方案，对工艺过程进行规划。

3）工艺设计和制造资源：智能工厂在工艺设计环节引入工艺专家库和工艺知识库，以知识驱动模式快速而高效地进行工艺设计工作。

4）生产订单：生产计划员接收公司下发的生产计划，并进行任务分解。

5）生产排程：智能工厂根据接收的生产订单或计划要求，按照现有生产能力自动进行数据化高级排产。

6）刀具和数控程序管理：智能工厂根据工位机床加工质量自动传输和调取 NC 程序进行制造加工，同时自动对刀具信息进行数据化管理。

7）内部物料流转：根据生产指令和工艺要求信息，仓储物流系统自动拾取物料进行物料齐套，通过传送带或 ACV/RGV 将物料传送到生产线边库，并按照加工定位要求摆放物料。

8）生产制造执行：智能工厂建立运输工装绑定射频识别系统，自动跟踪在制品的状态和位置。

9）自动化生产线 / 柔性单元：智能工厂将根据知识库和专家库，自动选择刀具、制造路径，达到自适应和自主优化制造的要求。

10）生产线 / 设备监控与数据采集：监控数控机床运行状态（开关机、主轴转速、进给率、运行时间和加工时间等），同时采集生产过程的详细数据信息；监控装配生产线运行状态（开关机、力矩、转矩、装配位置等），同时采集产品装配过程的详细数据信息。

11）质量检验：质检人员按照前期质量规划和工艺规程在规定的环节进行质量检验，对质量数据进行实时监控，同时对检验结果进行信息数据收集。如果不合格，进入不合格品处理流程，使用生产运营管理的智能诊断分析功能对问题进行快速反应。

12）任务完成：对检测或设备状态等进行数据采集。工序操作结束后，生产调度员接收任务完整的数据信息，按照智能制造系统的指令重新指派或调整加工任务。

13）大数据分析：提供综合的生产运营管理各方面的关键数据信息，通过数据分析，各个层面的管理人员都能按照企业的总体营运目标实时开展智能化管理，提高决策的前瞻性，并提高整体的资产效益，按照业务和生产的目标持续改善营运水平。

单元 4.3　未来智能工厂模型

情景导入 →

德国人工智能研究中心在 2005 年就开始开发代表工业 4.0 的智能工厂生产过程模型——SmartFactory。该模型的主旨是构建智能化的、模块化的、可更改的柔性生产过程。全球智能生产的首款模型于 2014 年正式在德国汉诺威工业博览会 (Hannover Messe) 展出，此后，智能工厂模型不断改进并且每年都在 Hannover Messe 展出。

SmartFactory 生产平台集成了 18 家厂商的生产模块。该项目已经与近 50 家厂商、大学及政府部门建立合作伙伴关系，成为全球最具代表性的智能工厂生产模型。

该平台用于生产满足客户特定需求的个性化名片。该生产线的特殊之处在于生产流程可以根据客户的需要任意调整，正是由于基于模块化的生产结构，生产流程的调整可以在几分钟内完成。SmartFactory 平台生产线的结构如图 4-5 所示。

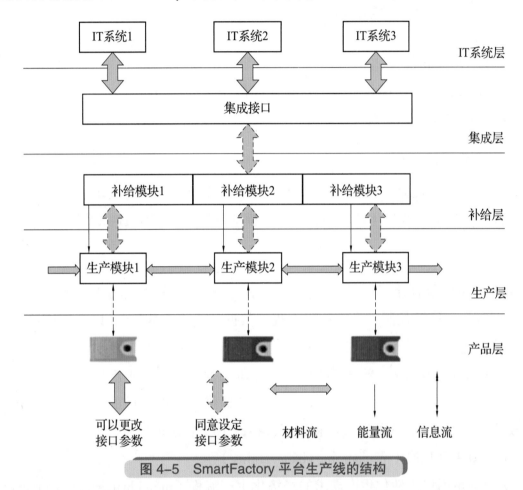

图 4-5　SmartFactory 平台生产线的结构

基于工业 4.0 时代的制造模式考虑，智能制造生产流程大致分为以下五层。

1.　产品层（product layer）

产品层是整个系统的起点。每个产品分配了一个数字产品存储器，其中存储了该产品的生产相关信息。SmartFactory 在每个产品的底座上安装了一个 RFID 电子标签，内部存储了客户需求，以及与生产相关的信息，如订单号、订单日期、生产状态、步骤等信息。

2.　生产层（production layer）

生产层由执行不同生产任务的模块组成，并且与产品层紧密相关。为了保证生产流程可以随意调整，以及模块间的无缝衔接，生产模块设计为"即插即用"的衔接方式。

SmartFactory 的生产层由九个模块构成。为了实时监控生产模块在生产流程中所处的位置，每个生产模块也分配了电子标签，并且与产品电子标签相互配合实施生产监控。例如，当产品进入某个生产模块后，存储于产品电子标签中的产品参数被读出；当产品离开该模块时，产品参数被更新。

3. 补给层（supply layer）

补给层为生产层的生产模块提供必要的补给，包括生产过程中的能量、数据路由及生产安全保障等。同时，供应模块之间也要满足灵活调整的原则。SmartFactory 系统的补给层包括四个兼容的补给模块，为生产模块提供压缩空气，并且与安全模块相连，实现生产层与集成层之间通过以太网相连接。

4. 集成层（integration layer）

集成层的主要功能是实现其他各层之间的信息交换。该层的实现是以标准化的通信协议为前提的。集成层收集生产层中各个生产模块的数据，送给 IT 系统层。

5. IT 系统层（IT system layer）

IT 系统层包括所有计算机相关的生产规划、过程控制及优化功能。IT 系统层目前实现订单计划制订、订单控制、生产流程工程、数据分析（大数据），以及生产过程的远程监控与维护功能。

基于智能制造的柔性生产过程的理念，上述架构中的每个生产模块都可以与其他模块分离开来。SmartFactory 工业 4.0 试验工厂模型提供了一种离散的、松散的、连接的生产制造模式。工业 4.0 时代的制造过程构想包括以下三个方面。

1）生产模块可互换（mechatronic changeability）。

2）实现满足用户个性化生产需求的经济化生产流程（individualized mass production）。

3）实现公司内部及公司之间的网络互联，以保证生产过程的全程监控与管理（internal and cross-company networking）。

SmartFactory 项目为智能制造的发展带来的关键启示是标准化对于实现工业 4.0 智能制造的重要性，即标准化的生产模块可以方便地集成与调整。SmartFactory 的负责人 Detlef Zuhlke 指出，标准的制定需要与工业 4.0 的普及同时开展。

尽管本案例中涉及的系统架构在技术上是可行的，但是距离工业上的大规模普及还有很长一段路要走。除技术的改进，在政策层面上，一些与安全相关的规章制度还需要制定，此外还需要制定与市场相关的解决方案。

单元 4.4　智慧工厂园区信息系统

为加速我国制造业转型升级、提质增效，2016 年 5 月国务院发布了中国政府实施制造强国战略第一个十年的行动纲领《中国制造 2025》，将智能制造作为主攻方向，加速培育我国新的经济增长动力，抢占新一轮产业竞争制高点。伴随着以 5G 为代表的信息化新技术的高速发展，物联网、车联网、大数据、云计算等技术的应用也将助力生产制造企业，改变落后的管理和经营模式，实现实时、可视、互联、智能的管理，合理分配物料，节约企业资源，融合制造与环保、排放和新能源利用，形成生态工厂，对设备全生命周期实现全方位管控和预防性维护，重视能源管理，建立系统平台，打破信息孤岛，实现设备互联，智慧工厂园区信息系统就是在此背景下产生的。

4.4.1　智慧工厂园区信息系统架构

典型的智慧工厂园区信息系统包括三层，即基础层、访问层、应用层。

1）基础层：主要包括不同类型的智能设备和信息化、智能化系统，如用于访问生产控制的子系统，用于园区各类型业务管理的子系统，用于生产线直接管理的 MES 智能生产执行系统，用于精细化制造管理的 Andon 电子看板管理系统，用于生产调度的指挥和会议会商管理系统，用于园区消防、空调管理和照明管理的设备管理系统，以及用于园区安全的安防和访客管理系统等。基础结构层的各类信息化系统为工厂园区智慧化运行和管理提供基础支持。

2）访问层：位于应用层和基础层之间的一层，它的主要功能是基于计算机网络、各类物联网、5G 等通信方式，提供下层协议定制，跨系统链接和链接控制。

3）应用层：智慧工厂园区信息管理平台的功能和服务表示层，为用户提供使用智慧工厂园区服务的渠道。

网络通信是所有信息数据交互的重要纽带。网络通信技术是物联网设备感知周围，进行数据通信不可替代的核心技术，网络通信技术可分为有线通信、无线通信，如5G、Wi-Fi 6、ZigBee、Corba、蓝牙等。设备与设备之间的M2M通信是物联网高效运行的基础，包括设备和用户、用户和系统、系统和设备、设备和设备之间的连接和通信。

网络通信技术为物联网传输数据提供了一条流畅的通道，使智能制造生态互联大数据得以应用，通过全过程品质数据追踪、信息反馈及品质解析，实现质量风险的全面预防性管理。网络传输系统原理，如图4-6所示。通过生产内网Wi-Fi 6、5G网络全覆盖及物联网技术，为实现生产线机器人、智能预警/巡检/报修/视频对讲系统、无纸化Pad、VR/AR技术应用、MES应用云部署、UWB定位等智慧工厂应用场景，提供稳定、低延时无线高速传输和云端存储传输和技术实现。例如，采用云服务器，把MES应用程序和数据库部署在云端，通过在终端设备增加5G模块或通过集中的交互设备，进行数据传送，通过"云"PLC方式将计划下发到生产线，为定制化、个性化生产和服务提供技术可能。

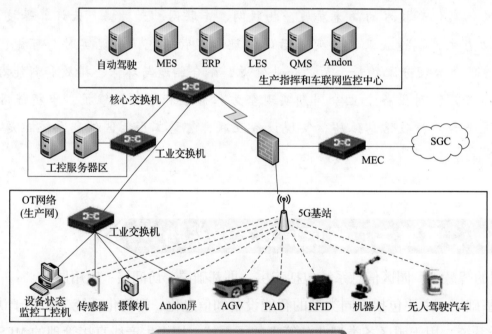

图4-6 网络传输系统原理

4.4.2 智慧工厂园区信息系统案例分析和实践

智慧园区是实现工厂融合管理的核心工程，通过云计算、物联网、大数据、人工智能等技术，实现监测—预警—决策—行动的闭环。智慧工厂园区信息系统总体规划如图4-7所示。

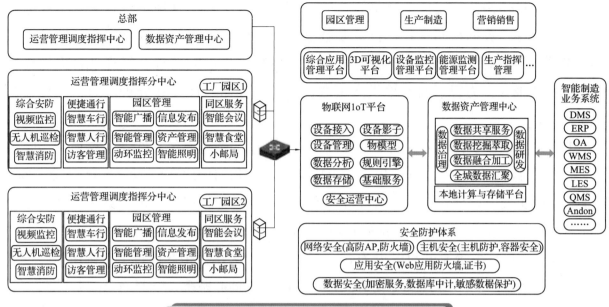

图 4-7　智慧工厂园区信息系统总体规划

智慧工厂园区信息系统的建设内容包括三维可视化管理平台、综合应用管理平台、物联网平台。公司总部可通过统一的智慧园区平台对各厂区进行统一管控，实现全厂区、跨业务部门，甚至跨地区（不同厂区间）的智能化管理，实现总部统一管控、本地业务自治的智慧工厂管理新模式。

基于地理信息系统（Geographic Information System，GIS），将多源数据通过图、表、三维建模等形式，支撑工厂运营管理调度指挥的可视化展示，实现数据指标的可视化呈现及二、三维场景的交互联动功能。在园区对驾驶舱可视化，实现园区管理可视化、服务可视化、运营可视化，实现指标数据在大屏的呈现，并且对指标进行提取、融合与导向分析，实时数据动态刷新。

另外，还能在可视化驾驶舱快速切换调取能源监控系统、生产管理信息如 MES、QMS、SAP、LES、设备管理系统等，解决传统车企生产管控中生产信息封闭、车间联动不足、异常解决低效、信息传递缓慢等问题。

综合应用管理平台是集服务、数据、应用于一体，以打破平台（台）、地域与系统边界（边）、设备前端（端）的限制，消灭信息孤岛，打通业务流，实现业务数字化全连接协同，主要包括整合综合安防、便捷通行、园区管理、园区服务四大块内容。

物联网平台为设备提供安全可靠的连接通信服务，向下满足连接海量设备，支撑设备数据采集上云；向上提供云端 API，指令数据通过 API 调用下发至设备端，实现远程控制。此外，物联网平台具备设备管理、规则引擎、数据分析、边缘计算等能力，为各类物联网场景和应用提供基础支撑。

另外，为了更好地挖掘园区数据价值，借助大数据技术为未来园区及应用建立打好基础，项目还构建了园区的数据资产管理平台。数据资产管理平台是集合了数据接入、数据治理、数据存储、数据计算及数据建模、数据可视化的综合体系。通过专有云的部署，实现对智慧园区各类数据的接入和管理。借助数据资产管理平台提供大规模数据处理服务，为智慧园区提供海量数据的高效存储、计算和分析能力，实现数据价值深挖。

MES 是实现数字化、全智能智慧工厂、智能制造的关键系统。在技术层面利用园区信息系统平台建立与 ERP、PLM、BOM、SRM、CRM、QMS、DMS 等系统的全方位互通互联，在业务层面实现由设计到制造到供应链再到销售直至客户体验反馈的全链条打通，建立具备柔性化、自动化、可追溯、可视化、高智能、高效的智慧工厂生产体系。

视频安防监控系统通过 SDK 开发包，与平台进行交互。MES 通过平台调用生产线监控摄像机图像，可实时监看生产线情况，还可联动 Andon 系统，一旦有 Andon 呼叫，可直接在相应车间的 MES 监控计算机和园区生产指挥中心调看生产线工位的监控图像。另外，通过 MES 给出的车身码和关键工艺的时间点，视频监控系统通过时间和车身码将截取好的视频发给营销端服务器，并且依据车身码建立视频档案。

通过平台整合，还将视频安防监控与消防报警、防盗报警、门禁报警等多系统协同，报警发生时，在 3D 可视化界面上可自动弹出相关报警信息，并显示相关区域视频画面。系统还可联动紧急广播进行人群疏导，通过摄像机人脸识别，可实时掌握疏散情况，有效确保人员安全。整个平台对智慧的实时性要求很高，这里充分利用了 5G 和遍布厂区布设的 Wi-Fi 6 基站，实现低延时、高带宽的基础智慧平台信息采集和远程控制。平台对设备进行直接控制，采用专线、双向鉴权、实时认证等机制保障数据传输安全。

智慧工厂的信息化是一个系统性的工程，需要整体规划，分步实施，夯实 IT/OT 相融合的连接基础。在确定整个智慧工厂园区信息系统总体设计方向后，需要根据建设功能规划、构建各基础应用子系统，包含 MES 智能生产执行系统、Andon 电子看板管理系统、采用 CAT6A 标准的综合布线系统、10G 标准的计算机网络系统、Wi-Fi 6 标准的无线网络系统、运营商 5G 厂区全覆盖、全数字无线对讲内通系统、语音通话系统、有线电视系统、公共广播系统、视频安防监控系统、门禁管理系统、停车场管理系统、访客管理系统、电梯控制管理系统、入侵报警系统、周界防范系统、电子巡查系统、信息发布系统、生产调度的指挥和会议会商管理系统、能源管理系统、智能照明系统、智能应用系统、机房工程、综合管网系统，共计 25 个子系统。

各子系统在设计建设时需结合生产线要求，如物流区监控摄像机的布放需考虑高、低货架柜的覆盖影响，还有对 AVG 小车的无线网络支持。AGV 小车已成为目前工厂中必不可少的物流运输设备。但由于工厂多为钢结构，且环境电磁干扰较强，因此 AGV 小车对网络通信有很高的要求，对接入协议网络安全认证、网络运行频段、无线信道、无线网络覆盖与信号强度都有一定要求。另外，AGV 小车对在线实时性、安全性要求也非常高，除 Wi-Fi 6 全覆盖外，还有运营商 5G 企业网全覆盖，以及监控实时视频分析等辅助信息手段，可以在网络切换时，利用平台进行设备配置信息、数据指令的综合处理，处理好切换的问题。

目前，基于该架构的智慧工厂园区信息系统可视化管理平台、综合应用管控平台和物联网平台已建成，同时也与工厂园区能源监控系统、生产管理系统，如 MES、QMS、LES、ERP 等进行了数据采集和控制，实施情况良好，并通过了用户技术评审小组的功能验收。

智慧工厂园区信息系统的建设解决了园区中信息沟通不畅、资源浪费、信息孤岛等问题，从而实现自动化、可追溯、可视化、绿色的管理运营。在保证信息安全的前提下，深度融合企业生产管理系统，如 MES、ERP、LES、QMS 等，为今后大量生产型企业的技术转型和产业升级提供了发展的可能，将传统的制造业变成可定制的、以有思想的智慧工厂为基础的智能制造业。

单元 4.5 智能汽车具体应用及发展趋势

情景导入

于 2021 年 9 月 25—28 日举办的 2021 世界智能网联汽车大会举行开幕式、开幕论坛和主论坛，此外还重点打造 1 场高端对话、2 场闭门会、7 场主题峰会、3 个特色专场。与智能网联汽车相关的热点话题，如碳达峰碳中和、芯片短缺、自动驾驶技术研发进展等，在大会期间受到重点关注。

智能汽车是一个集环境感知、规划决策、多等级辅助驾驶等功能于一体的综合系统，它集中运用了计算机、现代传感、信息融合、通信、人工智能及自动控制等技术，是典型的高新技术综合体。目前，对智能汽车的研究主要致力于提高汽车的安全性、舒适性，以及提供优良的人车交互界面。近年来，智能汽车已经成为世界车辆工程领域研究的热点和汽车工业增长的新动力，很多发达国家将其纳入重点发展的智能交通系统。

与自动驾驶不同，智能汽车是指利用多种传感器和智能公路技术实现的汽车自动驾驶。智能汽车有一套导航信息资料库，其中存储着全国高速公路、普通公路、城市道路及各种服务设施（餐饮、旅馆、加油站、景点和停车场）的信息资料；具有 GPS，可以精确定位车辆所在的位置，并将所得数据与道路资料库中的数据相比较，以便确定行驶方向；具有道路状况信息系统，由交通管理中心提供实时的道路状况信息，必要时及时改变行驶路线；具有车辆防碰系统，包括探测雷达、信息处理系统和驾驶控制系统，可控制与其他车辆的距离，在探测到障碍物时及时减速或制动，并把信息传给指挥中心和其他车辆；具有紧急报警系统，如果出现事故自动报告指挥中心进行救援；具有无线通信系统，用于汽车与指挥中心的联络；具有自动驾驶系统，用于控制汽车起动、改变速度和转向等。智能汽车与车联网示意如图 4-8 所示。

图 4-8　智能汽车与车联网示意

目前，智能汽车较为成熟的、可预期的功能和系统主要包括智能驾驶系统、生活服务系统、安全防护系统、位置服务系统及用车服务系统等，各个系统实际上又包括一些细分的系统和功能。如，智能驾驶系统既是一个大的概念，又是一个复杂的系统，它包括智能传感系统、智能计算机系统、辅助驾驶系统和智能公交系统等；生活服务系统包括影音娱乐、信息查询及各类生物服务等功能；位置服务系统除能提供准确的车辆定位功能外，还能让一辆汽车与其他汽车实现自动位置互通，实现约定目标的行驶目的。有了这些系统，相当于给汽车装上了"眼睛""大脑"和"脚"，它们都包括非常复杂的计算机程序，所以智能汽车能和人一样"思考""判断""行走"，可以自动起动、加速、制动，可以自动绕过地面障碍物。在复杂多变的情况下，它的"大脑"能随机应变，自动选择最佳方案。

4.5.1　无人驾驶汽车

不少国家正在开发无人驾驶技术。2010 年，英国电动无人驾驶汽车优尔特拉投放希斯罗机场，作为出租车使用。有专家表示，在解决城市交通问题上，无人驾驶汽车因不用司机而成本更低，而且这些汽车采用电力驱动，更加环保。另外，无人驾驶汽车可以和城市交通指挥中心联网，选择最好的路线，有效避免塞车。

1. 无人驾驶汽车关键技术

无人驾驶汽车开发的关键技术主要有两个方面：车辆定位技术和车辆控制技术。这两个方面的技术共同构成了无人驾驶汽车的基础。

1）车辆定位技术：目前，车辆定位常用的技术包括磁导航和视觉导航等。

2）车辆控制技术：目前，车辆控制常用的方法是经典的智能 PD 算法，如模糊 PD、神经网络 PD 等。

2. 无人驾驶汽车相关技术

无人驾驶汽车作为智能交通系统的一部分，还需要其他相关技术的支持。

1）防抱死制动系统：该系统可以监控轮胎情况，了解轮胎锁死时刻，并及时反应，且反应时机比驾驶员把握得更加准确。防抱死制动系统是引领汽车工业朝无人驾驶方向发展的早期技术之一。

2）牵引和稳定控制系统：牵引和稳定控制系统非常复杂，各系统会协调工作，防止车辆失控。

3）自动泊车系统：自动泊车系统是无人驾驶技术的另一大成就。通过该系统，车辆可以像驾驶员那样观察周围环境，及时反应并安全地从 A 点行驶到 B 点。

4）雷达：一般汽车已经配备雷达，可检测附近物体；在保险杠旁安装有传感装置，其检测到障碍物出现在汽车盲点时发出警告。

5）车道保持：安装在风窗玻璃上的照相机可识别车道标志线。如果汽车意外离开当前的车道，方向盘会通过短暂振动提醒驾驶者。

6）红外照相机：一般夜视辅助系统的两盏头灯向前方道路发射不可见的红外光，安装在风窗玻璃上的红外照相机监测红外信号，将标注出危险区域的图像显示到仪表盘上。

7）立体视觉：例如，两台安装在风窗玻璃上的照相机可以构成前方道路的实时 3D 图像，以便发现潜在危险（如行人、自行车），并预计其走向。

8）GPS：利用 GPS 自动驾驶的汽车可以准确定位，判断汽车方向。

9）车轮计速：安装在车轮上的传感器通过转速测量汽车行驶的速度。

3. 无人驾驶汽车举例

（1）优尔特拉

优尔特拉（ULTra）无人驾驶汽车由英国的先进交通系统公司和布里斯托大学联合研制。它的独立舱没有驾驶员，只有一个装在墙上的"开始"按钮。

如图 4-9 所示，该无人驾驶汽车形状似气泡，依靠电池产生动力，时速可达 40 km，且会自动沿着狭长的道路系统行驶。乘客可以通过触摸屏选择目的地，一旦乘客选择了目的地，控制系统就会记录下乘客的要求，并向汽车发送一条信息。随后，汽车会遵循一条电子传感路径前进；在行驶期间，乘客可以通过按下按钮和控制人员通话。

（2）赛卡博

法国国家信息与自动化研究所研制的赛卡博（Cycab）无人驾驶汽车的外形看起来像高尔夫球车，如图 4-10 所示。

该车使用类似给巡航导弹制导的全球定位技术，通过触摸屏设定路线。它的全球定位系统要比普通的 GPS 功能强大得多。普通 GPS 的精度只能达到几米，"赛卡博"却装备了名为"实时运动 GPS"的特殊 GPS，其精度高达 1 cm。

这款无人驾驶汽车装有充当"眼睛"的激光传感器，能够避开前进道路上的障碍物。它还装有双镜头的摄像头，可以按照路标行驶。人们甚至可以通过手机控制驾驶，每一辆车都能通过互联网进行通信，这意味着无人驾驶汽车之间能够做到信息共享，多辆车能够组成车队，以很小的间隔顺序行驶。该车也能通过交通网络获取实时交通信息，防止交通阻塞的发生。在行驶过程中，该车还会自动发出警告，提醒过往行人注意。

图 4-9 优尔特拉

图 4-10 赛卡博

（3）路克斯

德国汉堡一家公司应用先进的激光传感技术把无人驾驶汽车变成了现实。这款无人驾驶智能汽车名为路克斯（Lux），由普通轿车改装而成，可以在错综复杂的城市公路系统中实现无人驾驶，如图 4-11 所示。其安装的无人驾驶设备包括激光摄像机、全球定位仪和计算机。

图 4-11　路克斯

在行驶过程中，车内安装的全球定位仪随时获取汽车所在的准确方位，隐藏在前灯和尾灯附近的激光摄像机随时探测汽车周围 180 m 内的道路状况，并通过全球定位仪路面导航系统构建三维道路模型。此外，它还能识别各种交通标志，保证汽车在遵守交通规则的前提下安全行驶。安装在汽车行李箱内的计算机将汇总、分析两组数据，并根据结果向汽车传达相应的行驶命令。

激光扫描器能够探测路标并实现自行驾驶：如果前方突然出现汽车，它会自动制动；如果路面畅通无阻，它会选择加速；如果有行人进入车道，它也能紧急制动。此外，它也会自行绕过停靠的其他车辆。

4.5.2　汽车导航技术

1. 基本组成

汽车的导航系统由两部分组成，一部分是安装在汽车上的 GPS 接收机和显示设备，另一部分是计算机控制中心，两部分通过定位卫星进行联系。计算机控制中心是由机动车管理部门授权和组建的，它负责随时观察辖区内指定汽车的动态和交通情况。GPS 导航示意如图 4-12 所示。

图 4-12　GPS 导航示意

2. 基本功能

汽车导航系统有两大功能。一是汽车踪迹监控功能。只要将已编码的 GPS 接收装置安装在汽车上，该汽车无论行驶到什么地方，都可以通过计算机控制中心在电子地图上指示出它的位置。

另一个是驾驶指南功能，车主可以将各个地区的交通线路电子图存储在存储介质上，只要在汽车的接收装置中插入存储介质，显示屏上就会立即显示出该车所在地区的位置及目前的交通状态。车主既可输入目的地，预先编制出最佳行驶路线，又可接收计算机控制中心的指令，选择汽车行驶的路线和方向。导航系统的显示屏是一个地图画面，输入目的地后，红色的箭头指示汽车要走的方向。此后，导航系统的地图变成了立体地图，让人一目了然，转弯时会有语音提示。汽车导航系统框图如图4-13所示。

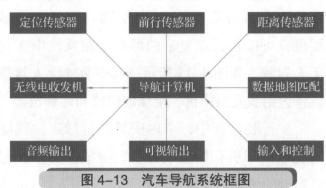

图4-13　汽车导航系统框图

3. 工作原理

卫星导航系统中24颗GPS卫星在离地面12 000 km的高空，以12 h的周期环绕地球运行，使人们在任意时刻、地面上的任意一点都可以同时观测到4颗以上的卫星。

由卫星的位置精确可知，在GPS观测中，人们可得到卫星到接收机的距离，利用三维坐标中的距离公式，由3颗卫星可以组成3个方程式，即可解出观测点的位置坐标$(X，Y，Z)$。考虑卫星时钟与接收机时钟之间的误差，实际上有4个未知数，即X、Y、Z和时钟差，因而需要引入第4颗卫星，形成4个方程式进行求解，从而得到观测点的经纬度和高程。

事实上，接收机往往可以锁住4颗以上的卫星，这时接收机可按卫星的星座分布分成若干组，每组4颗，再通过算法挑选出误差最小的一组用于定位，从而提高精度。

卫星运行轨道、卫星时钟存在误差，大气对流层、电离层对信号的影响，以及人为的保护政策，使民用GPS的定位精度只有100 m。为提高定位精度，普遍采用差分GPS（DGPS）技术，建立基准站（差分台）进行GPS观测，利用已知的基准站精确坐标，与观测值进行比较，从而得出修正数，并对外发布。接收机收到该修正数后，与自身的观测值进行比较，消去大部分误差，得到一个比较准确的位置。试验表明，利用差分GPS，定位精度可提高到5 m。

车用导航系统主要由导航主机和导航显示终端两部分构成。内置GPS天线会接收来自环绕地球的24颗GPS卫星中至少3颗所传递的数据信息，由此测定汽车当前所处的位置。导航主机通过GPS卫星信号确定的位置坐标与电子地图数据相匹配，便可确定汽车在电子地图中的准确位置。

在此基础上，可实现行车导航、路线推荐、信息查询、播放AV/TV等多种功能。驾驶者只需通过观看显示器上的画面、收听语音提示或操纵手中的遥控器，即可实现上述功能，轻松自如地驾驶汽车。

4. 具体应用

车载导航系统可利用蓝牙无线技术接收车载 GPS 传送过来的信号，车载系统只需要接收和处理卫星信号，显示装置则负责地图的存储和位置的重叠。所以，如果用户已经有了掌上计算机，只需要购买一个信号接收器和成图软件即可。其实，很多手机已经具备 GPS 的功能，再加上地图的重叠功能，就可以变成一套移动导航系统。

车载导航系统除可以用来导航外，还可以发展出许多其他用途，如用来寻找附近的加油站、自动取款机、酒店或超市等，有的还可以告诉用户如何避开危险地区或交通拥堵地区。

大多数车载导航系统利用视觉显示系统作为人机交流的接口，有些则提供语音系统，让人们直接与导航系统对话，用语音来提前提醒驾驶人转弯、驶出高速公路；有的还可以为用户提供一个行经路线地图，以便回程之用。

5. 主流产品

艾航达（Ahada）公司是 GPS 卫星导航便携式设备供应商，产品线涉及便携式导航、GPS 手机导航及个人手持导航装置等全系列 GPS 便携产品。该公司在国内上线的首款产品为 Ahada N310，其核心功能如下。

（1）地图查询

1）可以在操作终端搜索用户目的地的位置。

2）记录用户常去地点的位置信息并存储，用户可以和他人共享这些位置信息。

3）模糊查询用户附近或某个位置附近的加油站、宾馆、自动取款机等信息。

（2）路线规划

1）GPS 会根据用户设定的起始点和目的地，自动规划一条线路。

2）规划线路可以设定是否要经过某些地点。

3）规划线路可以设定是否避开高速公路等功能。

（3）自动导航

1）语音导航。用语音提前向驾驶人提供路口转向、导航系统状况等行车信息。其最大的优点是用户无须观看操作终端，通过语音提示就可以安全到达目的地。

2）画面导航。在操作终端上会显示地图、车辆位置、行车速度、离目的地的距离、规划的路线提示及路口转向提示等行车信息。

3）重新规划线路。当用户没有按规划的线路行驶，或走错路口时，GPS 导航系统会根据当前位置为用户重新规划一条线路。

4.5.3 新能源汽车技术

新能源汽车是指采用非常规车用燃料作为动力来源（或使用常规车用燃料、采用新型车载动力装置），综合车辆的动力控制和驱动方面的先进技术而形成的原理先进，具有新技术、新结构的汽车。

新能源汽车包括燃气（液化天然气、压缩天然气）汽车、燃料电池电动汽车（FCEV）、纯电动汽车（BEV）、液化石油气汽车、氢能源动力汽车、混合（油气混合、油电混合）动力汽车、太阳能汽车和其他新能源（如高效储能器）汽车等，新能源汽车废气排放量比较低。

1. 太阳能汽车

因为不用燃油，太阳能汽车不会排放污染大气的有害气体；因为没有内燃机，太阳能汽车在行驶时没有燃油汽车内燃机的轰鸣声。

（1）优势

与燃油汽车相比，太阳能汽车具有诸多优势。

1）太阳能汽车耗能少，只需采用 $3\sim4\ m^2$ 的太阳能电池组件，便可行驶起来。燃油汽车在能量转换过程中要遵守卡诺循环规律做功，热效率低，只有约 1/3 的能量用于推动车辆前进，其余 2/3 能量损失在发动机和驱动链上；而太阳能汽车的热量转换不受卡诺循环规律的限制，约 90% 的能量可用于推动车辆前进。

2）太阳能汽车易于驾驶。太阳能汽车无须电子点火，踩踏加速踏板便可起动；利用控制器变化车速，无须换挡、踩离合器，降低了驾驶的复杂性，可避免因操作失误造成的事故隐患。另外，太阳能汽车采用创新前桥和转向系统，前后独立悬挂，可从时速 30 km 迅速制动停车，制动距离不超过 7.3 m。

3）太阳能汽车结构简单，除定期更换蓄电池外，基本上不需要其他日常保养，省去了传统汽车必须经常更换机油、添加冷却液等定期保养的烦恼。其小巧的车身使转向更加灵活。

4）在都市行车，由于车辆较多，加之交通信号灯的变换，需要不断地启停车辆，既造成了大量的能源浪费，又加重了空气污染；太阳能电动车减速停车时，可以不让电动机空转，大大提高了能源使用效率，减少了空气污染。

5）太阳能汽车没有内燃机、离合器、变速器、传动轴、散热器及排气管等零部件，结构简单，制造难度低。

（2）工作原理

太阳一刻不停地发出大量的光和热，太阳能是取之不尽、用之不竭的能源。

将太阳光变成电能，是利用太阳能的一条重要途径。人类早在 20 世纪 50 年代就制成了第一个光电池。将光电池装在汽车上，可用它将太阳光不断地变成电能，使汽车开动起来。在太阳能汽车上装有太阳能电池板。平常人们看到的人造卫星上的金属翅膀，也是一种供卫星用电的太阳能电池板。

太阳能电池依据所用半导体材料不同，通常可分为硅电池、硫化镉电池和砷化镍电池等，其中常用的是硅电池。

硅电池有圆形、半圆形和长方形等几种形状。在电池上有像纸一样薄的小硅片，在硅片的一面均匀地掺进硼，另一面掺入磷，并在硅片的两面装上电极，就能将光能转变成电能。

在太阳能汽车顶上安装太阳能电池板，板上整齐地排列着许多太阳能电池。这些太阳能电池在阳光的照射下，电极之间产生电动势，连接两个电极的导线就会有电流输出。

通常，硅电池能把 10%~15% 的太阳能转变成电能。它既使用方便、经久耐用，又很干净，不会造成环境污染，是一种理想的电源。

2. 纯电动汽车

当前，中国的纯电动汽车产量依然处于相对较低的水平。然而，随着国家政策的推进，中国的纯电动汽车行业将会呈现迅速发展的态势。车身轻量化、动力清洁化和充换电方式便捷化将是未来纯电动汽车的发展趋势。世界各国著名的汽车厂商也在加紧研制纯电动汽车，并取得了一定的进展和突破。

（1）纯电动汽车的核心技术

发展纯电动汽车必须解决四个方面的关键技术：电池技术、电动机及驱动技术、纯电动汽车整车技术及能量管理技术。

1）电池是纯电动汽车的动力源泉，也是一直制约纯电动汽车发展的关键因素。纯电动汽车用电池的主要性能指标是比能量、能量密度、比功率、循环寿命和成本等。

到目前为止，纯电动汽车的电池技术已经历三代的发展，取得了一些突破性的进展。第一代是铅酸电池，目前主要是阀控铅酸电池，由于其比能量较高、价格低及能够倍率放电，因此它是目前唯一能大批大量生产的电动汽车用电池。第二代是碱性电池，主要有镍镉、镍氢、钠硫、锂离子和锌空气等多种类型。其比能量和比功率都比铅酸电池高，因此大大提高了纯电动汽车的动力性能和续航里程，但其价格比铅酸电池高。第三代是燃料电池，燃料电池直接将燃料的化学能转变为电能，能量转变效率高，比能量和比功率都高，并且可以控制反应过程，能量转化过程可以连续进行，是理想的汽车用电池，但目前仍处于研制阶段，一些关键技术还有待突破。

2）电动机及驱动系统是纯电动汽车的关键部件，可以使纯电动汽车有良好的使用性能。

驱动电动机应具有调速范围宽、转速高、起动转矩大、体积小、质量小、效率高、动态制动性强和有能量回馈等特性。目前，纯电动汽车用电动机主要有直流电动机、感应电动机、永磁无刷电动机和开关磁阻电动机等。

近年来，由感应电动机驱动的纯电动汽车多采用矢量控制和直接转矩控制。直接转矩控制的手段直接、结构简单、控制性能优良和动态响应迅速，因此非常适合电动汽车的控制。永磁无刷电动机分为由方波驱动的无刷直流电动机系统和由正弦波驱动的无刷直流电动机系统，它们都具有较高的功率密度，其控制方式与感应电动机基本相同，在电动汽车上得到了广泛应用。无刷直流电动机具有较高的能量密度和效率，其体积小、惯性低、响应快，非常适合电动汽车。

开关磁阻电动机具有简单可靠、可在较宽转速和转矩范围内高效运行、控制灵活、可四象限运行、响应速度快和成本较低等优点。但在实际应用时发现，这种电动机存在转矩波动大、噪声大、需要位置检测器等缺点，导致其应用受到限制。

随着电动机及驱动系统的发展，控制系统趋于智能化和数字化，变结构控制、模糊控制、神经网络、自适应控制、专家控制和遗传算法等非线性智能控制技术将应用于纯电动汽车的电动机控制系统。

3）电动汽车是高科技综合性产品，除电池、电动机外，车体本身也包含很多高新技术。采用轻质材料（如镁、铝、优质钢材及复合材料），优化结构，可使汽车自身质量减轻30%~50%，实现制动、下坡和息速时的能量回收；采用高弹滞材料制成的高气压子午线轮胎，可使汽车的滚动阻力减少50%；汽车车身特别是汽车底部更加流线型化，可使汽车的空气阻力减少50%。纯电动汽车原理示意如图4-14所示。

图4-14 纯电动汽车原理示意

4）蓄电池是纯电动汽车的储能动力源。纯电动汽车要获得好的动力特性，必须将比能量高、使用寿命长、比功率大的蓄电池作为动力源。而要使纯电动汽车具有良好的工作性能，必须对蓄电池进行系统管理。

能量管理系统是纯电动汽车的智能核心。一辆设计优良的纯电动汽车除有良好的力学性能、电驱动性能及选择适当的能量源外，还应该有一套协调各个功能部分工作的能量管理系统。它的作用是检测单个电池或电池组的荷电状态，并根据各种传感信息，包括力、加减速命令、行驶路况、蓄电池工况和环境温度等，合理地调配和使用有限的车载能量；

能够根据电池组的使用情况和充放电历史选择最佳充电方式，以尽可能延长电池的寿命。纯电动汽车充电状态如图4-15 所示。

　　世界各大汽车制造商的研究机构都在进行电动汽车车载电池能量管理系统的研究与开发。纯电动汽车电池当前存

图 4-15　纯电动汽车充电状态

有多少电能，还能行驶多少公里，是纯电动汽车行驶中的重要参数，也是纯电动汽车能量管理系统应该具有的重要功能。应用纯电动汽车车载能量管理系统可以更加准确地设计电能储存系统，确定最佳的能量存储及管理结构，并且可以提高纯电动汽车本身的性能。

　　在电动汽车上实现能量管理的难点在于，如何根据所采集的每块电池的电压、温度和充放电电流的历史数据来建立一个确定每块电池剩余多少能量的精确的数学模型。

　　（2）纯电动汽车的优点

　　1）无污染、噪声小。纯电动汽车无内燃机汽车工作时产生的废气，不产生排气污染。

　　2）使用单一的电能源。相对于混合动力汽车和燃料电池汽车，纯电动汽车以电动机代替内燃机，噪声小、无污染，电动机、油料及传动系统少占的空间和自重可用于补偿电池的需求。因为使用单一的电能源，电控系统相比混合电动车大为简化，降低了成本，也可补偿电池的部分价格。对环境保护和空气洁净是十分有益的，几乎是"零污染"。

　　3）结构简单，维修方便。纯电动汽车较内燃机汽车结构简单，运转、传动部件少，维修保养工作量小。当采用交流感应电动机时，电动机无须保养维护。

　　4）能量转换效率高，可同时回收制动、下坡时的能量，提高能量的利用效率。

　　5）平抑电网的峰谷差。可在夜间利用电网的廉价"谷电"进行充电，起到平抑电网峰谷差的作用，有利于电网均衡负荷，减少费用。电动汽车的应用可有效地减少对石油资源的依赖。向蓄电池充电的电力可以由煤炭、天然气、水力、核能、太阳能、风力、潮汐能等能源转化。

3　空气动力汽车

　　空气动力汽车使用高压空气作为动力源，将空气作为介质，在汽车运行时通过动力装置把压缩空气存储的压力能转化为汽车的动能。以液态空气或液氮吸热膨胀做功为动力的汽车也属于此范畴。空气动力汽车的原理与传统汽车的原理基本相同，主要差别在于汽车的动力源，其发动机结构形式有往复活塞和起动马达等类型。

空气动力汽车如图 4-16 所示。空气动力汽车中，储存在气罐中的高压压缩空气经过压力调节器减至工作压力，通过热交换器吸热升温后，由配气系统控制进入空气动力发动机进行能量转换，把压力能转换为机械能。通过改变空气动力发动机的气体压力值，可以控制发动机的动力特性。

美国 ZPM（Zero Pollution Motors，零排放汽车）公司已于 2011 年将空气动力汽车投放美国市场，这种汽车通过压缩空气和一个小型的常规引擎来提供动力。

图 4-16　空气动力汽车

空气动力汽车技术在世界其他国家正加速发展。2012 年 3 月，法国 MDI 公司在瑞士日内瓦国际车展上展示了一辆空气动力汽车 Airpod，Airpod 是一款外形酷似甲壳虫的三轮汽车，其前后各有一个向上开启的玻璃门，两排座位背靠背，前排有一个座位，后排有两个座位。Airpod 是一款只能在城市行驶的车辆，是世界上最小的三座车辆。它用压缩空气驱动，完全是零排放、零污染的洁净汽车。

4.5.4　飞行汽车

飞行汽车既可以在空中飞行，也可以在陆地上行驶，如图 4-17 所示。2009 年 3 月，世界首辆飞行汽车实现首飞。2010 年 7 月，美国 Terrafugia 公司制造的陆空两用变形汽车获得许可，开始投入商业生产。

图 4-17　飞行汽车

1. 系统研制

20 世纪 90 年代，为真正实现飞行汽车的实用化，一些专家致力于折叠式飞行汽车的研制。

美国加利福尼亚空中客车技术设计和发展公司的工程师肯尼思·韦尼克研制出车翼螺旋桨叶可折叠的飞行汽车，这种汽车的车翼可以折叠在车身上，此时其可以在公路上行驶；展开车翼后，即可升空飞行。

2. 成功案例

AirCar 如图 4-18 所示，其有四个座位、四个门和四个车轮，其机翼可折叠；在"空中模式"下，其能以约 321 km/h 的速度在 7 620 m 的高空巡航。在其内部有两个液晶显示屏，用于显示空中模式和陆地模式的驾驶信息。驾驶者在陆地模式和空中模式下，可以使用传统的方向盘进行操控。

图 4-18　AirCar

智能汽车已经成为未来汽车发展的方向，智能汽车也将是新世纪汽车技术飞跃发展的重要标志。

单元 4.6　长安汽车以"智能"打造汽车产业价值链制造新形态实践

情景导入

长安汽车坚持"节能环保、科技智能"的理念，大力发展新能源汽车和智能汽车。其已掌握全速自适应巡航、车道保持、全自动泊车等智能驾驶核心技术，结构化道路无人驾驶技术已通过实质性技术验证。

汽车企业作为知识密集型、技术密集型、劳动密集型的企业，是具有代表性和示范性的信息化和工业化融合产业之一。在"两化融合"的推进过程中，全面应用新一代信息技术，实现由制造型企业向服务型企业转型，由以产品为中心向以用户为中心转型。

4.6.1　"两化融合"建设数字化长安

"两化融合"是指通过信息技术改造和优化制造业全流程，促进装备和产品的智能化，提高企业生产效率和效益。为实现长安汽车数字化、网络化、智能化，长安汽车秉承"两化融合"的理念，以企业信息化为基础，打造4大数字化业务（产品研发、制造与供应链、营销服务、基础应用平台）和1个信息化能力平台的"4+1"平台，提升价值链协同效率和集团化管控水平。

数字化长安以建设研发数字化、制造精益化、营销电子化、系统集成化、管理信息化为重点。在研发领域，长安汽车采用了PDM、HPC、Benchmark系统支撑多地的在线协同研发；在工艺领域，长安汽车采用了数字化虚拟制造、CAPP系统支撑整车及发动机共七大专业的三维工艺设计和仿真；在制造领域，长安汽车采用了ERP、MES、QTM系统支撑拉式生产模式；在营销领域，长安汽车采用了DMS、SES集中管控1 000余家经销商；在客户服务与管理领域，长安汽车采用了CRM、PMS为长安车主提供及时服务。长安汽车建立了高度集成的产业链协同商务平台，实现了产业链上相关企业、客户之间的协同采购、协同生产、协同销售、协同服务等功能，构成了从采购、生产、销售到售后服务等业务协同的全程供应链，为汽车产业链的信息共享、资源优化配置和商务协同提供了有力支持。

从"数字化企业试点""两化深度融合示范"到"集团首家信息化A级企业"，长安汽车在全价值链深入开展信息化与产品、技术、管理等方面的融合，为开展智能制造工作奠定了坚实的基础。

4.6.2　数字化研发开创全球协同新模式

长安汽车坚持走"以我为主，自主创新"的正向开发道路。为了整合全球资源，长安汽车在意大利都灵、英国诺丁汉、美国底特律、德国慕尼黑、日本横滨，以及中国重庆、上海、北京、河北定州等地建立了研发中心，逐步形成了"六国九地、各有侧重"的全球研发格局。长安汽车协同开发模式如图4-19所示。

随着多年的发展。长安汽车逐步形成了"造型与总布置""结构设计与性能开发""仿真分析""样车制作与工艺""试验验证与评价"五大技术能力，以及"项目管理""数字化协同研发"两大支撑能力。

数字化协同研发能力是利用数字化开发技术和信息技术有效支撑研发的重要能力。其中，长安汽车全球协同研发平台为"六国九地"开展设计、仿真、验证、工艺等协同研发提供了平台支撑，而基于在线研发的协同模式保障了6 000多人的研发团队共享实时、唯一、准确的数据源。数字化协同研发模式成功应用到公司内部的设计、仿真、验证、工艺、制造、营销各阶段，在成本降低、效率提升和质量提高等方面取得了显著的成效。

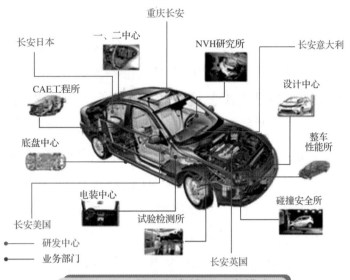

重庆长安

长安日本　一、二中心　NVH研究所　长安意大利

CAE工程所　　　设计中心

底盘中心　　　　　　整车性能所

电装中心

长安美国　　试验检测所　　碰撞安全所

● ———— 研发中心
● ———— 业务部门　　　　　长安英国

图4-19　长安汽车协同开发模式

4.6.3　虚实结合促进智能生产制造

2002年，长安汽车开始实施ERP系统；目前，ERP、MES等系统已经覆盖长安汽车旗下所有生产基地。为建立标准工厂，2010年，长安汽车开始建设ERP、MES等应用系统标准，为长安汽车的集团化管控提供了强有力的支撑。

长安汽车数字化车间以渝北工厂为代表，通过AVI、PMC、EPS等数字化技术实现设备参数、工艺参数、质量信息、生产过程信息的全面收集。长安汽车渝北工厂MES以高效支撑长安"多车型、多品种、小批量"柔性制造模式为目标，以总装下线为基准，制订"总装拉式平准化顺序"生产计划，通过生产过程控制来对生产排序、主数据管理、可视化等进行控制，以及通过质量管理系统、停线管理系统等来实现生产全过程的精益管理。系统通过PLC、AVI、RFID等物联网设备自动采集生产全过程数据，实时监控产线运作，建立过程控制评价标准，实时展示生产控制指标，以数据支持生产决策。

长安汽车北京工厂具有数字化、网络化、智能化的高效生产模式。在整个生产过程中，生产系统运行着大量的生产数据及设备的实时数据，通过由"智能机器＋智能标签＋生产数据云"构成工业互联网的形式，实现车间产品、设备、物料全面互联，不仅对车体焊接、涂装、总装、检测等数字化设备的基本状态进行采集与管理，还对各类工艺过程数据进行实时监测、动态预警、过程记录分析。通过对这些数据进行深入挖掘与分析，系统自动生成各种直观的统计、分析报表，并将其反馈给北京长安控制中心，实现对加工过程实时的、动态的、严格的控制，确保产品生产过程完全受控。

基于三维"数字化工厂"技术的虚拟制造，突破了传统的靠经验进行工艺规划和设计的局限，提供了先进的数字化解决方案，提升了对汽车生产制造过程和生产布局方案进行模拟、仿真、验证、优化的能力，该技术在世界先进汽车企业已经得到广泛应用。2014 年，长安汽车开始建设数字化工艺规划和仿真平台，并在长安汽车乘用车鱼嘴基地应用。该平台以焊接、总装工艺流程为指导，进行三维工艺规划，建立焊接车间和总装车间的三维布局模型，开展生产线仿真和物流仿真，优化工艺方案。

数字化工厂的应用将工艺数字化规划从 2D 扩展到 3D，功能涵盖"冲焊涂总"四大整车工艺，实现工厂 DMU、工厂三维建模、输送单体设备等三维规划，缩短生产周期约 30%，节省生产线 3D 布局时间 40%，节省方案时间 30%，减少现场设备调试时间 20%，通过仿真技术对鱼嘴基地乘用车总装车间进行整体物流仿真，可实现最佳JPH 目标。

鱼嘴基地信息化建设凭借制造基地一体化标准化工厂的 ERP、MES 等"实"和三维数字化工厂虚拟制造的"虚"，形成了虚实结合的智能生产制造模式。

4.6.4 促进转型升级

长安汽车以"智能"打造全价值链制造新形态，促进"以用户为中心"的转型升级。一方面，中国汽车行业在经历多年高速发展后进入了微增长时期；另一方面，用户不再满足于大众化的产品，希望得到差异化的产品与服务，促使汽车行业进入小批量、个性化定制时代。工业 4.0 时代的到来成为突破传统发展方式的新契机。国家正加快推进两化深度融合和推行《中国制造 2025》等战略，新一代信息技术将改变汽车企业发展模式，传统汽车企业基于移动互联、大数据主动"拥抱"工业 4.0 已经成为一种趋势。

长安汽车积极"拥抱"互联网，充分利用新一代信息技术，在连接客户、电子商务、大数据分析等方面取得明显成效。长安汽车以新奔奔个性定制化开启了从"以产品为中心"向"以用户为中心"转型。作为个性化定制模式的试水车型，新奔奔（PPO 版）提供基于 8 种个性化配置的选配包。今后，长安汽车每款车型都将有丰富的全方位定制方式，全系车型将会有上万种不同定制模式，以满足用户个性化的需求。

长安汽车将利用已有数字化长安的智能优势，以建设和落实工业和信息化部的智能制造试点示范项目"长安汽车城节能与新能源汽车智能柔性焊接新模式"为契机，打造全价值链智能制造新形态，进而推动商业模式、决策模式、运营模式的创新转变。在商业模式方面，长安汽车电商将从借助第三方平台开展电子商务到逐步打造自主的电商平台转型。在决策模式方面，全面启动数据治理、数据分析平台建设，实现基于关键业务指标的各类分析模型，在质量、销售、采购、人力资源、OTD、制造、财务等领域挖掘数据价值,为公司全价值链精益管理提供数据依据,提高管理和决策的效率。在运营模式方面,通过电子商务、大数据分析、车联网等的进一步实施,应用 IT 新技术提高产品智能化和互联化,增强用户体验,推进长安从"以产品为中心"向"以用户为中心"转型和"以制造为中心"向"以制造 + 服务为中心"升级。

4.6.5　长安汽车大数据应用创新及实践

目前,汽车行业市场环境发生了明显变化,用户更关注产品的个性化和社交分享能力。因此,电动化、智能化、互联化、共享化逐渐成为汽车技术和商业模式发展的新方向,人工智能、3D 打印、物联网、区块链等新技术正在颠覆一切。作为汽车生产厂商,若要在竞争日益激烈的汽车市场中占得一席之地,必须提高企业对外部市场的反应能力、提高企业内部的运营效率、提高企业对消费者的服务能力。

为此,长安汽车 2017 年起开始推动大数据平台建设(CA-DDM),旨在实现数据驱动管理。

长安汽车大数据平台围绕"统一平台、统一数据、统一运营"的目标,在统一平台以 Hadoop 开源技术框架为基础,通过对互联网数据的采集、企业运营数据的拉通、客户数据的融合,实现企业数据的统一存储和管理。经过专业的数据清洗,从数据运营的角度出发,形成了由 50 多个分析维度、900 多个分析指标、1 000 多个客户标签、近 30 000 个关键词组成的分析体系,实现了从内部运营到外部竞争、从产品设计到客户服务的数据运营分析体系。

1.　企业运营分析

围绕长安汽车全价值链 12 大业务领域,历经数据采集、数据治理、数据挖掘和数据展现四大步骤,如图 4-20 所示,整合了企业内部 63 个业务系统数据。经过严谨的数据治理环节,一层层对分析指标和分析维度标准进行治理、对数据质量问题进行探究和解决,形成集团统一的数据仓库,并通过移动端、大屏端等多种应用场景输出,实现了各个部门、单位的数据分析来源统一,分析指标和维度标准统一,消除了各部门、单位以往数据标准不一致,数据来源多样,数据统计手段落后的现象,很大程度改善了企业数据质量,提升了内部决策效率。

目前,CA-DDM 基本覆盖了公司研产供销核心价值链条的经营情况,通过部分实时指标,如零售量、批售量、生产量、车联网联机数等,实现每小时的数据监控、分析,辅助管理者在最短时间内了解当前经营状况,及时发现问题,采取行动措施。

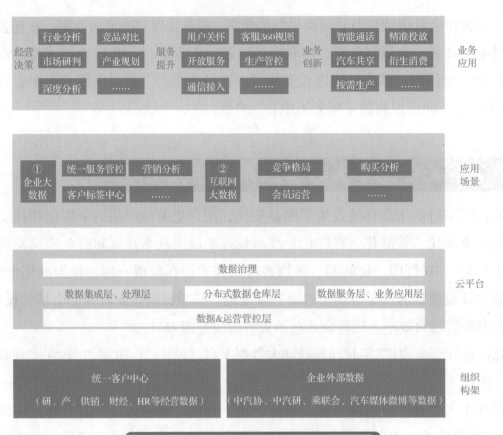

图 4-20　长安汽车数据治理结构示意

2. 互联网数据分析

针对互联网上的消费者心声，长安汽车全面收集了汽车垂直媒体等主流网站上消费者在购买前、中、后过程中的服务体验、建议意见等。此外，还制定了三个层级的指标体系，一级指标为品牌口碑、产品体验、服务体验；二级指标在一级指标的基础上往下一级细分，以产品体验为例，可分为外观、动力、质量/品质等多维二级指标；基于以上多级指标体系再进一步搭建关键词库，通过自然语言处理及深度机器学习，根据关键词判别客户评论主题及评论色彩，进而实现对字句和整句的语义判别，统计各指标的提及率、正面率和负面率。基于以上量化指标进行横向（行业对标）、纵向（趋势跟踪）、深度（逐级分解）分析，支持全方位、多层次、多维度的互联网在线分析。为了能够第一时间对互联网消费者的消费诉求、产品建议等做出反馈，长安汽车专门进行实时采集和智能识别，并在内部联合客服、研发、售后等多个部门，建立了闭环处理机制，自动推送实时用户意见、实时统计跟进情况，协助聆听客户心声，精准地服务客户，提高长安汽车客户对产品和服务的体验。

3. 客户数据分析

对客户群体进行属性分析和行为分析，可帮助公司洞察客户，提升客户服务水平，提高营销服务能力，并为产品策划等提供数据支撑。为此，长安汽车 CA–DDM 通过融合来自内部 17 个业务系统数据，构建了长安汽车统一的客户画像平台。通过整理、融合形成了长安汽车具有唯一身份识别信息的客户群体，构建了 1 000 多个客户标签，实现了客户画像在营销服务、售后服务、厂家服务、产品调研等领域的应用。

单元 4.7　劲胜精密移动终端金属加工智能制造新模式

情景导入 →

　　东莞劲胜精密组件股份有限公司（现广东创世纪智能装备集团股份有限公司）以高端智能装备业务为核心主业，致力于以产品品质推动品质的升级，给世界工业带来高效、绿色、创新的加工应用和服务体验，努力成为国内外一流的机床品牌。

　　该公司集高端智能装备的研发、生产、销售、服务于一体，数控机床产品品种齐全，涵盖钻攻机、立式加工中心、卧式加工中心、龙门加工中心、数控车床、雕铣机、玻璃精雕机、高光机、激光切割机等系列精密加工设备，广泛应用于 3C 消费电子领域、5G 产业链、机械制造、医疗器械、新能源汽车、汽车零部件、工程机械等领域的核心部件加工。

4.7.1　移动终端金属加工智能制造方案

　　劲胜精密自 2013 年起已经逐步开始审视自身智能制造方面的规划和发展需求，一方面，组织技术人员学习国内外先进制造管理技术并引入相关系统，另一方面，与华中科技大学、华中数控、艾普工华、开目信息、创景科技等国内领先的科研机构和专业公司开展合作，进行智能化制造系统和制造装备升级方面的深入研究。

　　劲胜精密通过引入国产先进数控系统、机器人等制造装备，建立适合 3C 行业金属加工制造模式的智能化制造系统，以金属手机外壳钻攻加工环节为主要试点，进一步提升信息化、自动化、智能化水平，取得较好的经济与社会效益。

1）实现基于自动化调度的实时制造数据集成，实现全集团制造数据透明化，数据一致性能够支持集团级企业协同要求，为公司积累自动化、信息化、智能化转型经验，使得柔性制造、个性化制造真正在企业落地。

2）通过对产品制造过程中质量状态及趋势的实时监控，产品不良率降低 30% 以上，降低生产成本，有利于长远促进企业毛利增长，提升企业的盈利水平。

3）通过工艺优化仿真技术，提高研制周期制造过程透明化水平，缩短产品研制约 30% 周期，使企业的创新性研发能够及时、迅捷响应客户和市场的需求，进而提升企业的核心竞争力。

4）通过高级计划排程和实时生产响应技术，减少设备空转时间，设备有效稼动时间提升 25% 以上，设备能源利用率提升 15% 以上，改善企业生产各链条之间的沟通转进效率，使企业资源配置尽可能与生产实际相匹配，降低企业的生产协调成本，保障企业有限资源能够得到较充分的配置。

5）逐步采用机器人技术，采用机器代替员工，可以节省 70% 以上人力（以每日两班生产基准，按照每人管理 2.5 台机器，每机器人 1 拖 2），这对于解决企业用工紧缺问题起到巨大作用。

6）国产钻攻加工中心及数控系统从 0 台增加至 200 台，并根据产能扩展和实际应用情况需要逐步增加，大幅节省设备采购和维护成本。公司采用国产钻攻中心和数控系统，可以间接促进国内钻攻和数控系统行业的进步与发展。

4.7.2 移动终端金属加工智能制造创新模式

劲胜精密的新产能建设计划，形成 3C 行业领先的数字化智能车间应用示范，具体实施内容如图 4-21 所示。

1. 移动终端核心部件国产化智能制造高速钻攻中心

针对 3C 智能终端产品制造的典型代表设备——高速钻攻中心自动化、数控化、高速高精的控制特点与需求，围绕智能手机、平板、PC 等各类智能终端产品外壳、框体加工的高速铣削、定位、单 / 双向攻牙、密集钻孔、高速拐角、高速平滑曲面等制造工艺特点，基于完全自主知识产权的国产 NCUC 现场总线的全数字开放式数控系统软硬件平台，实现高速钻攻中心装备控制系统的国产化示范应用，相关技术与产品性能、功能达到国际先进水平。

1）针对 3C 智能终端产品金属外壳、框体等核心零部件铣、钻、攻牙等高加速、高平稳性、高精度的加工特点，集成具有自适应能力的多种加工模式切换功能，实现不同结构和材料特性的产品零件对象的高速精密加工。

通过对 3C 智能终端产品核心部件加工的运动特性分析，采用实用性的通道参数设置模式，实现高速金属边框铣、削、钻过程的大拐角的平稳过渡，减小机床振动，提高加工效率。

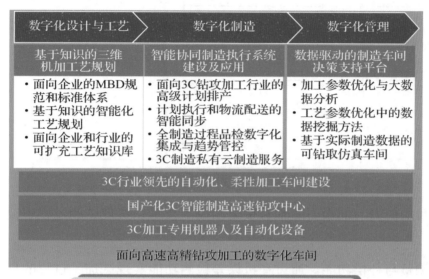

图 4-21　新产能建设计划具体实施内容

针对 3C 产品加工的智能伺服动态制动技术，高速钻攻中心行程范围小且加工速度高，在机床遇到故障需要快速停机时，通过伺服动态制动技术的实现，实现移动轴的快速制动。

2）基于自主的华中 8 型多通道 64 轴联动数控平台，如图 4-22 所示，针对自动化产线需要集成连接的加工中心、机器人与收取料系统的协同控制需求，实现多种车间智能装备之间的协同运动控制。

图 4-22　8 型多通道 64 轴联动数控平台

3）提升新产品换线装调效率相关的快速刀库替换、自动测量与补偿、伺服调试指导、运行保障等关键技术与功能。

4）定制辅助的伺服调试指导功能（SSTT），不仅实时获取调试加工信息与数据，同时，通过内置的加工性能与质量分析算法，以图表方式直观呈现，如图 4-23 所示，降低调试人员技术要求，缩短调试时间。

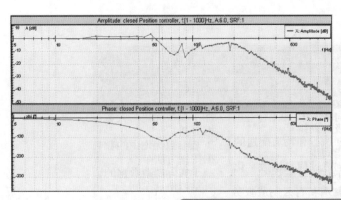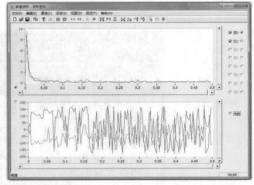

图 4-23　图表方式指导伺服调试

5）研究自动换刀与伺服刀库轴直接驱动控制技术，实现试调过程中换刀效率的进一步提升。

6）自动测量与补偿功能。通过在机误差检测功能实现试加工过程的自动补偿设置和自动对刀，减少试加工时间，缩短试产周期。

7）信息自感知及故障诊断功能研究。通过对高速钻攻中心运行过程中在线电流、状态、位置传感器、PLC 状态等信息的实时获取与自我感知，如图 4-24 所示，在记录机台运行数据与信息的同时，实时监测故障或异常状态，并进行故障提示，同时自动给出对应的诊断维修方法。

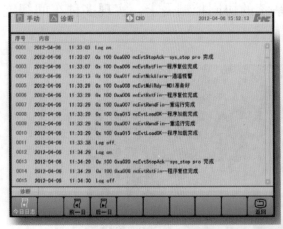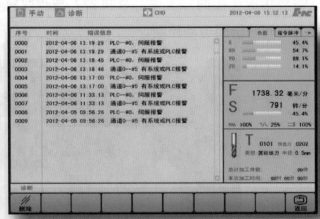

图 4-24　信息自感知及故障诊断功能

8）深度数据接口的开放与标准研究。针对数字化车间建设的数据通信要求和大数据存储需求，对数控系统多层次结构的数据深层开放接口与标准进行研究，以满足机台与机台、机台与其他设备、机台与信息系统的无障碍交流，如图 4-25 所示。

9）研究并设计多种网络通信接口并行通信机制的内置集成。通过以太网接口实现千台联机、总控室控制与监控。内置 3G 模块,实现所有数据联机互联网,手机或电脑可远程访问,监控设备状态。多种网络通信接口并行通信机制图 4-26 所示。

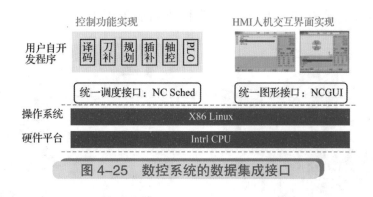

图 4-25　数控系统的数据集成接口

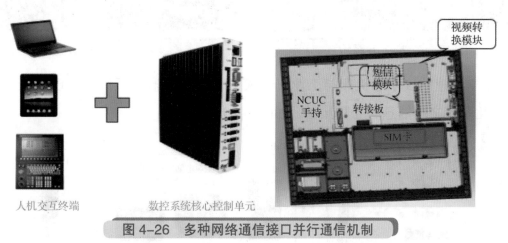

图 4-26　多种网络通信接口并行通信机制

10)实现高速通信与信息安全措施。采用具有自主知识产权的高速、高可靠性的强实时 NCUC 现场总线,实现高速信息传输,设计检测和纠正机制保证通信的正确性和可靠性。同时,结构上通过总线连接,减少了互联线缆的数量,大幅度提高了系统的可靠性。

2. 移动终端核心部件加工专用机器人及自动化设备

针对移动终端核心金属零部件加工工艺需求,在高速钻攻中心机床的自动上下料作业过程中,推广应用多关节工业机器人产品,并配套组织适合自动化生产的工装夹具、流水线等,组建完整的自动化生产线。

1)研究机器人与机床 1 对 2、1 对 N 的匹配控制方式,形成多种不同形式的自动化加工单元,以满足不同产品加工的工艺、效率要求。

1 对 2 方式:如图 4-27 所示,在两台钻工中心侧面放置一台机器人,通过机器人给钻工中心上下料。采用双位置多工位料仓来存储毛坯铝板及半成品,可增加自动检测功能,智能补偿夹具定位误差和产品加工误差。

1 对 N 方式:如图 4-28 所示,扩展机器人第 7 轴的自动化加工单元,6 关节机器人应用于 3C 产品机加工自动生产线,1 台机器人扩展第 7 轴功能,控制直线导轨,与 3 台以上高速钻攻中心机床协同工作（机床数量可根据用户需求扩展到6台甚至更多），实现自动上下料、产品在机械手上自动翻面，减少了中间环节，提高了装夹精度和效率。可增加自动检测功能，智能补偿夹具定位误差和产品加工误差。

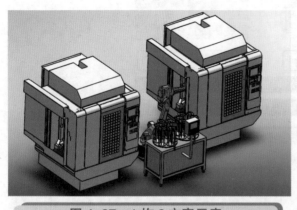

图4-27　1拖2方案示意

图4-28　1对 N 方案示意

2）建立高速钻攻中心机床与工业机器人数字化集成监控系统，实现机床、机器人、车间数字化系统之间信息的互联互通，如图4-29所示。

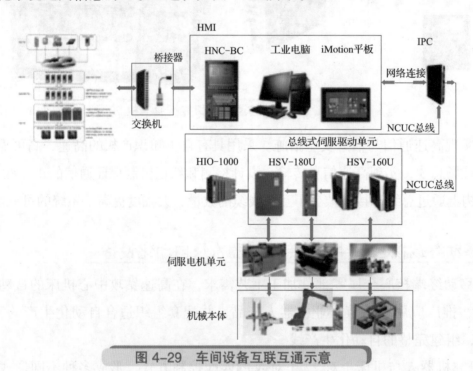

图4-29　车间设备互联互通示意

针对加工产品的工艺需求，设计专用的自动化工装夹具，包括机器人末端夹具和机床端夹具，研究快换夹具技术，实现产线的柔性化。

3. 3C行业基于知识的智能化三维机加工艺规划系统

针对前述问题，3C行业基于知识的智能化三维机加工艺规划系统以面向行业和企业的知识库为支撑，在不断积累和丰富的工艺知识库的基础上，采用智能化工艺推理和自动建模技术实现工艺规划和仿真。通过对产品三维模型的分析，智能化地开展机加工艺规划工作，包括制造特征自动分析、加工方法智能推理、工艺路线编排、毛坯/工序模型自动创建、工装/设备等制造资源规划、机加工艺仿真、工艺决策、三维工艺文件编制/输出等，并以三维工艺来指导生产现场的加工，从而使制造人员能更加直观、准确、高效地完成加工工作。

本系统主要包括面向行业和企业在顶层构建 MBD 规范和标准体系、在底层建立工艺知识库，同时提供基于知识的智能化三维机加工艺规划。基于知识的智能化三维机加工艺规划系统架构如图 4-30 所示。

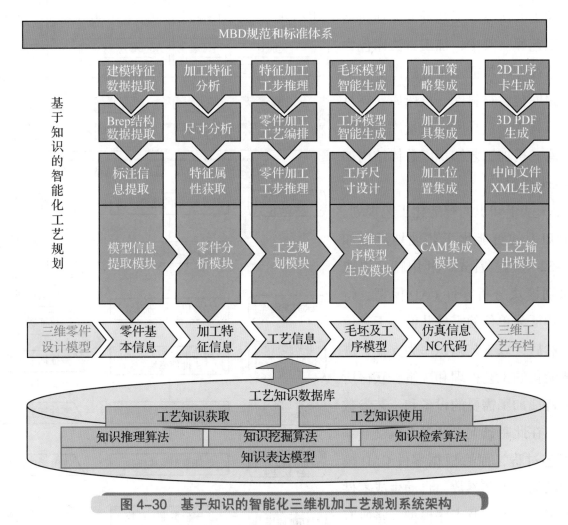

图 4-30　基于知识的智能化三维机加工艺规划系统架构

1）建立面向企业和行业的 MBD 规范和标准体系：制定相应的三维标注规范，从三维标注环境设计、PMI 首选项设计、关联性设置、视图规范、尺寸标注、基准的应用、几何公差应用、表面粗糙度、注释等方面对基于模型定义的模型内容、设计模型、标注和属性要求进行定义，为实施基于模型的产品的数字化定义提供支撑和保障。

2）构建面向企业和行业的可扩充工艺知识数据库：利用系统底层的工艺知识库，对企业整个工艺设计过程中相关的工艺知识、工艺资源、工艺活动、工艺流程进行全面的控制和管控，将工艺知识融入工艺设计的各个环节，在工艺设计过程中自动推送工艺知识，实现工艺知识的智能应用，从而实现智能化的工艺规划。工艺知识库具有良好的开放性，能够方便地进行维护和扩充。

以机加工艺知识库为例，机加工艺知识库主要包括零件工艺性知识库、加工方法库、工艺资源库和典型零件工艺库。其中，加工方法库包含工艺路线库、特征加工方法库等，工艺资源库包含材料库、机床库、夹具库、刀具库、量具库、余量库、切削用量库。机加工艺知识库总体结构如图 4-31 所示。

3）基于知识的智能化工艺规划。基于知识的智能化工艺规划流程如图 4-32 所示。首先，利用特征提取和识别模块分析零件 CAD 模型，得到以特征为单位的零件几何、工艺信息。然后，以工艺知识库为支撑，进行智能化的工艺推理和决策，获得所提取特征加工需要的设备和工艺参数信息。在此基础上，通过人机交互编排工艺过程，而后根据零件 CAD 模型和已知的工艺参数，自动生成零件的加工毛坯模型及工序模型。将所有这些参数传递给加工仿真模型自动建立模块，得到零件的加工仿真模型，最终经 CAM 系统内部处理，生成零件加工代码。

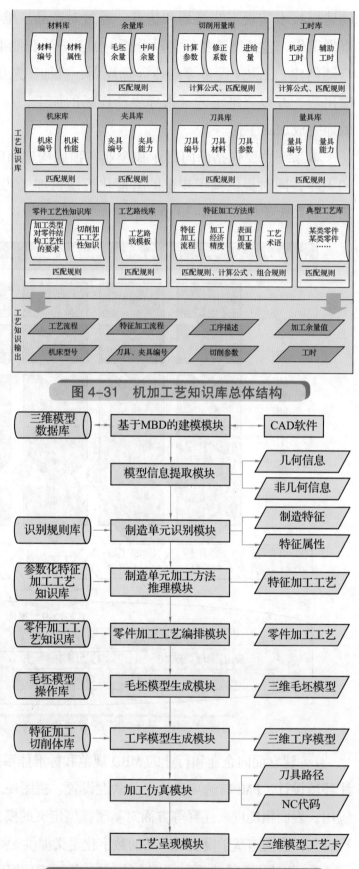

图 4-31 机加工艺知识库总体结构

图 4-32 基于知识的智能化工艺规则流程

4.7.3　智能制造执行系统建设及应用

劲胜精密在制造执行系统建设方面以服务化和智能化为主，通过服务化提高 MES 对跨事业部生产过程的协同管理能力，通过智能化提高生产管理的精细化和精准化程度。工作主要体现在以下几个方面。

（1）基于 RFID 的刀具管理

基于 RFID 的刀具管理流程如图 4-33 所示。针对车间生产中刀具管理面临的刀具数量巨大、组件复杂、信息繁多、换刀频繁等技术难题，将 RFID 技术、传感器网络技术、嵌入式智能技术、无线通信技术综合应用于车间刀具实时监测与在线管理，建立集无线感知、测量、分析、决策于一体的刀具状态监测与管理信息平台，解决车间刀具在配置、调度、位置跟踪、状态监测、寿命管理、库存管理等环节存在的物流与信息流监控难题，为企业高效、敏捷刀具管理提供重要的技术支撑。

1）刀具使用管理：在每一把刀柄上固定一个 RFID 标签，通过刀具上的唯一编码进行管控，记录其刀具号、加工次数、加工时间、寿命预警值、刀具剩余可加工次数等；通过一个刀具物资管理系统进行刀具领用、在库刀具查询、领用信息查询。

2）刀具寿命管理：在刀具标签中初始记录该刀具的管理参数，刀具每次被选用时，通过手持读写装置或安装在车床边缘的固定读写器读入管理参数，并与 CNC 通信，通过对刀具加工时间的计算功能对加工时间进行管理，由上层刀具系统判断是否可用，如果可用，则写入本次加工之后的管理参数，否则告警。对于 20% 的重点贵重刀具，进行研磨维修。检测完毕后，通过重新入库的流程更新系统参数，重新投入使用。

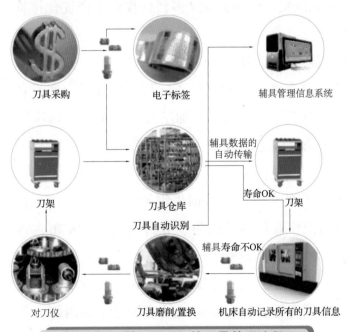

图 4-33　基于 RFID 的刀具管理流程

（2）面向 3C 钻攻加工行业的高级计划排产技术

针对多品种混流加工生产的车间制造特点，基于项目合作单位自主研发的成熟软件产品，建立基于精益化约束管理的有限产能车间计划与动态生产控制体系，如图 4-34 所示，以实施相应的高级计划排程系统。

具体开发与实施应用内容如下。

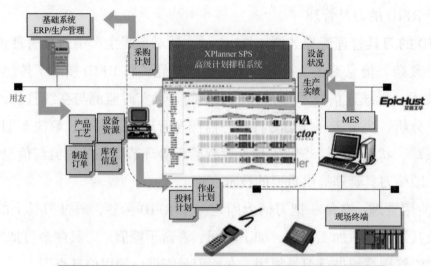

图 4-34　有限产能车间计划与动态生产控制体系

1）多品种混流加工与均衡生产模式下的动态产能规划与柔性化资源分配，以及智能化任务调度。

2）车间负荷动态监测、资源瓶颈实时分析，以及柔性化车间智能调度控制方法及系统。

3）支持 MES/APS 无缝集成的多约束 / 多目标作业生产优化排程引擎，以及人机交互计划决策支持系统。

（3）计划执行和物流配送的智能同步技术

3C 加工生产线多工序存在多台相同或不同型号的并行生产设备，且具有逆向流程和跳跃流程等异常情况处理工序。采用机械加工数字化车间计划执行与物流配送跟踪同步管理技术，结合智能化物流输送设备，实现出入库、出入厂以及生产过程中的物流过程与计划执行协同。

1）采用物流跟踪管理的实时现场数据采集系统，实现生产全过程中物料消耗实时自动采集和监控，实现物流作业信息的采集、分析、处理、发布、共享和利用，物流信息的实时查询与发布，为物流信息交换、仓库管理、库存控制、配送等物流活动提供支持。

2）采用 AGV 等自动化物流输送设备，结合 MES 提供的车间物料需求和工序完工实际数据，通过实时物流调度算法，实现金属钻攻加工车间内部设备之间、仓库与钻攻中心设备之间的在制品智能调度和自动转运。

3）采用机械加工数字化车间计划执行与物流配送跟踪同步管理技术，实现计划、执行与物流的协调；根据跨事业部的计划排程和执行情况采集，通过物料协同管控系统，实现跨事业部工艺转序物料的协同配送。

（4）全制造过程品检数字化集成与趋势管控

劲胜精密质量检测以手工为主，各类质量检测数据散落在不同的事业部，特别是转序检验环节尚未形成系统化的质量管控。未来需要通过引入自动化检测手段，提高检测自动化程度，降低误判率；通过引入质量协同管控系统，对跨事业部的质量检测提供支持；通过质量趋势预测的手段和工具，对生产排程提供良品率的依据。具体内容包括引入三坐标测量仪等自动化检测设备，部分替代原有的人工半成品外观和基本尺寸检测环节的人工操作，减少人工干预和判断出错。通过建立设备数字化集成接口，提高车间加工过程质量检测自动化程度，提高检测效率。

采用质量管控系统取代 Excel 对质量检验过程的记录和管控，建立各工序质量检测数据之间的关联。建立公司级的协同质量管控流程，为事业部之间转序质量检测提供支持。

通过对制程检验数据的集中管控，通过 SPC 等手段，对钻攻加工生产质量趋势进行预测，减少质量缺陷和由此带来的成本浪费，并对基于良品的实时计划排程提供更有效的数据支持。

（5）基于车间智能装备的云数控系统技术

基于车间智能数控装备的开放式数控系统如图 4-35 所示，该系统研究云数控模型，提供"云管家、云维护、云智能"三大功能，完成制造设备从日常生产到维护保养、改造优化的全生命周期管理，为用户提供设备及产品相关信息的"大数据"。

1）云数控管家功能：基于云数控系统的信息平台，为工厂设计工程师、试产工程师、设备维护工程师、管理人员提供贴身的管家式服务，通过安装在移动互联终端（手机、PAD）上的云管家软件，随时查看设备运行及维护使用等相关信息。

2）云数控维护：基于云数控系统的信息平台开发远程故障

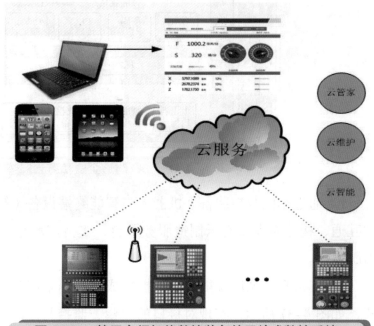

图 4-35　基于车间智能数控装备的开放式数控系统

诊断服务，实现自动故障信息提醒与推送，支持基于地理位置的故障报修，专家远程在线检测，自动系统诊断、升级、备份与恢复功能。

3）云智能技术：基于云数控平台资源，研制可提供第三方编程、工艺优化、设备租借等智能服务，可对专用化、定制化、大批量、小批多品种等特殊订单生产的设备、技术等相关资源进行协调与服务。

（6）3C制造企业私有云制造服务平台

劲胜精密下属的七个事业部分布在东莞市不同地区，事业部之间生产和物流组织相对独立但存在工序级外包。由于缺乏一个分布式协调平台，各事业部生产数据不透明且整体协调不够，导致时间和物流成本浪费较大。针对这种现状，开展基于制造企业私有云的分布式协同制造服务体系结构，智能制造资源虚拟化、服务化等相关技术研究，建立面向3C制造的企业级私有云制造服务平台，打造支持企业内多工厂协同制造的云服务模式，3C制造企业私有云制造服务平台如图4-36所示。

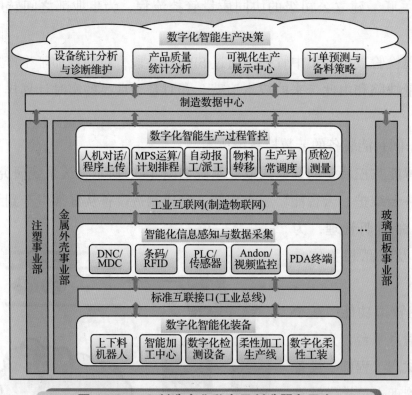

图4-36　3C制造企业私有云制造服务平台

1）通过车间数控装备、机器人与智能终端设备（智能手机、平板等）之间的信息互联互通，构建企业私有云制造服务平台，支持广域范围内制造软硬资源虚拟化和制造能力服务化。

2）支持自动调度功能的云数据集成中心。采用独立的数据建模工具，通过可视化方式，如图4-37所示，实现对接口的建模、监控与定时定频调度；引入集成日志，支持对集成历史进行追踪和反查，并可用于检查数据的有效性，保障云服务中制造数据的准确性和一致性。

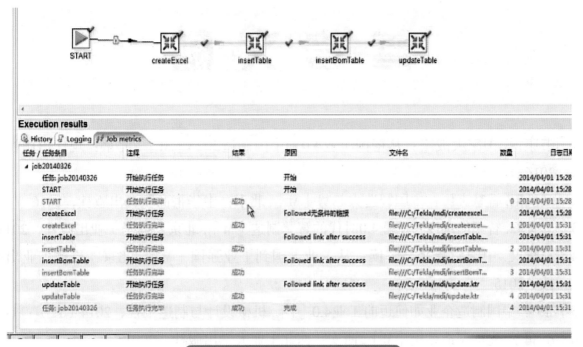

图 4-37　可视化接口建模

　　通过车间生产计划及进度的透明化，研究云端制造资源和制造能力共享与协同的核心关键技术。采用企业级高级计划排程方法，将碎片化的生产资源进行优化和集成，实现事业部间的制造资源在云服务平台上的局部共享与整体调度。

参 考 文 献

［1］韦康博. 国家大战略：从德国工业4.0到中国制造2025［M］. 北京：现代出版社，2016.

［2］王延臣. 智慧工厂：中国智造大趋势［M］. 北京：中华工商联合出版社，2016.

［3］杨青峰. 智慧的维度：工业4.0时代的智慧制造［M］. 北京：电子工业出版社，2015.

［4］王喜文. 中国制造2025解读：从工业大国到工业强国［M］. 北京：机械工业出版社，2015.

［5］张曙. 中国制造企业如何迈向工业4.0［J］. 机械设计与制造工程，2014（12）：1–5.

［6］王润孝. 先进制造系统［M］. 西安：西北工业大学出版社，2001.

［7］范君艳，樊江铃. 智能制造技术概论［M］. 武汉：华中科技大学出版社，2019.

［8］李晓雪. 智能制造导论［M］. 北京：机械工业出版社，2019.

［9］西门子工业软件公司，西门子中央研究院. 工业4.0实战：装备制造业数字化之道［M］. 北京：机械工业出版社，2015.

［10］杜品圣，顾建党. 面向中国制造2025的智造观［M］. 北京：机械工业出版社，2017.

［11］周玉清，刘伯莹，周强. ERP与企业管理：理论、方法、系统［M］. 2版，北京：清华大学出版社，2012.

［12］托马斯·保尔汉森，米夏埃尔·腾·洪佩尔，布里吉特·福格尔-霍尔泽，等. 实施工业4.0：智能工厂的生产·自动化·物流及其关键技术、应用迁移和实战案例［M］. 工业和信息化部电子科学技术情报研究所，译. 北京：电子工业出版社，2015.

［13］奥拓·布劳克曼. 智能制造：未来工业模式和业态的颠覆与重构［M］. 张潇，郁汲，译. 北京：机械工业出版社，2015.

［14］韦巍. 智能控制技术［M］. 2版. 北京：机械工业出版社，2015.

［15］吴澄. 现代集成制造系统导论：概念、方法、技术和应用［M］. 北京：清华大学出版社，2002.